HISTOIRE DU MÈTRE

2e SÉRIE GRAND IN-8°

DELAMBRE

HISTOIRE DU MÈTRE

D'APRÈS LES TRAVAUX ET RAPPORTS

de Delambre, Méchain, Van Swinden, etc.

AVEC UNE INTRODUCTION

PAR

Léon CHAUVIN

Ancien inspecteur primaire, directeur honoraire d'école normale.

NEUF GRAVURES

LIMOGES
EUGÈNE ARDANT & Cie
ÉDITEURS

INTRODUCTION

Nos écoliers, au moins les plus âgés, sont familiarisés avec le *système décimal des poids et mesures,* né en France, il y a cent ans, et qui, au cours du XIXe siècle, a presque achevé la conquête du Monde. Comme ils ont quelques notions sur les mesures anciennes, aussi variées que discordantes, et qu'ils ont dû se livrer, au sujet de ces mesures, au calcul des nombres si bien nommés *complexes*, ils n'ont pas eu de peine à saisir l'immense simplification apportée par le nouveau système dans la comptabilité usuelle, dans les trafics quotidiens, dans les relations commerciales à l'intérieur et à l'étranger, dans les opérations de toutes sortes où il faut mesurer, peser, déterminer des distances, des surfaces, des volumes, des densités, etc. Ils ont même des données sur les travaux géodésiques et astronomiques qui ont précédé l'établissement du MÈTRE. Mais combien y en a-t-il qui connaissent avec un peu de précision les principes du problème à résoudre, les détails de la grandiose opération, les voyages pleins de péripéties émouvantes, parfois dramatiques, accomplis par des hommes intrépides qui ont poussé jusqu'aux dernières limites du possible, l'un d'eux jusqu'à la mort, le dévouement à la science et à la patrie?

Le présent livre a pour but de compléter l'enseignement de l'école et du collège, en faisant intervenir comme historiens les savants qui ont eu la part principale dans cette entreprise si utile à l'humanité et si glorieuse pour la France. D'autre part, grâce à une heureuse coïncidence, qui n'a pas été cherchée, il paraîtra juste au moment opportun pour célébrer modestement le Centenaire du Mètre.

La plus grave critique faite à l'égard des mesures anciennes, c'est qu'elles avaient été fixées arbitrairement, ou sur des bases peu vérifiées et toutes locales, ignorées de nos jours, avec des systèmes spéciaux pour chaque peuple. Ces mesures nationales avaient fini par s'altérer, et il n'y avait plus de point de repère pour retrouver de l'ordre et un peu d'uniformité. Afin d'y remédier, il fallait se mettre d'accord sur une mesure type, immuable et universelle, d'où dériveraient toutes les autres mesures de grandeur, de capacité et de poids, selon un système également normal et uniforme. Cette mesure fondamentale ne pouvait se trouver que dans des éléments naturels, ayant eux-mêmes la propriété de l'immutabilité et de l'universalité ; or la nature ne nous en fournit que deux qui soient susceptibles d'appréciations sensibles : les *dimensions* de la Terre et le *temps* que met celle-ci pour opérer sa révolution autour du Soleil. Ce temps, appelé aussi *année*, divisé en jours, heures, minutes et secondes, a donné d'abord l'idée de prendre pour *mètre* la *longueur du pendule* qui bat la *seconde* dans ses oscilliations isochrones; mais on y a renoncé, par ce que cette mesure n'était pas directe : en effet, il fallait la dériver de la mesure du *temps*. Alors on s'est arrêté à une autre conception : celle de prendre pour unité fondamentale une portion déterminée du méridien terrestre : plus explicitement, on a résolu de prendre pour le *mètre* la *dix millionième partie du quart du méridien*.

Il semble que l'opération devait être fort simple : évaluer la longueur d'un degré à l'aide d'une mesure conventionnelle et provisoire; puis, par une multiplication, trouver la longueur des 90 degrés qui séparent le pôle de l'équateur, et enfin diviser ce produit par 10,000,000 — un simple déplacement de la virgule! — Le quotient eût donné le *mètre*. Oui, mais à la condition que la Terre fût une sphère parfaite, et que sa surface fût unie comme celle d'une boule de billard! Or, on s'aperçut que, pour battre la seconde, la longueur du pendule variait selon les latitudes, et l'on en conclut que la Terre, aplatie vers les pôles, n'est pas une sphère, mais un ellipsoïde, et que les degrés du méridien ne sont pas égaux. Il devenait nécessaire de mesurer le méridien sous les tropiques, vers les pôles et dans les régions intermédiaires. D'un autre côté, l'écorce terrestre est ridée; on y rencontre des montagnes et des vallées, des fleuves et des océans, et, pour opérer des mesures exactes, il a fallu recourir à la trigonométrie, à l'astronomie, à l'optique, etc. En réalité, l'opération a été extrêmement délicate et laborieuse; elle a eu besoin de toutes les sciences, interprétées et appliquées par des savants de premier ordre.

C'est ce que le lecteur comprendra mieux en lisant ci-après des extraits du rapport où Delambre rend compte de ses travaux et de ceux de son collègue Méchain, pour la mesure du méridien entre Dunkerque et Barcelone. Ils se sont mis en campagne sous la Révolution, à l'époque de la Terreur et des guerres contre l'étranger envahisseur, parmi des populations ignorantes et fanatiques, qui les prenaient pour des espions, des *ci-devant* déguisés... les emprisonnaient, détruisaient leurs signaux, confisquaient leurs instruments... Ce n'est pas sans émotion que l'on constate leur patience, leur courage devant le danger, leur ténacité à continuer leur œuvre, malgré les obstacles venus des hommes et des éléments.

Le rapport de Delambre est suivi d'un autre mémoire présenté à l'Institut par Van Swinden, citoyen batave. Après que les savants français eurent achevé leurs observations et leurs calculs, on réunit à Paris un congrès dans lequel furent associés aux membres de la *Commission du système métrique* les représentants de toutes les nations avec lesquelles la France était alors en relation de paix et d'amitié. Dix répondirent à l'appel. Le Congrès vérifia et approuva les résultats obtenus, et les proclama solennellement. Le Mètre était déterminé. Un étranger, le député batave, fut ensuite chargé de présenter à l'Institut ces mémorables conclusions. Avec une haute éloquence, justifiée par l'importance et la majesté du sujet, il résume les travaux accomplis et rend un magnifique hommage à la France.

Enfin notre volume se termine par des extraits de la biographie et de l'éloge de Méchain, écrits par son ami Delambre, où l'on verra que la science a ses martyrs, et qu'il y a plus d'une manière de servir son pays en héros.

Léon CHAUVIN.

HISTOIRE DU MÈTRE

Bases du système métrique décimal

(Extraits du rapport fait à l'Institut, par Delambre).

I. — Idées des Anciens sur la forme et les dimensions de la Terre

Les deux questions de la grandeur et de la figure de la terre, qui exercent depuis si longtemps les astronomes et les géomètres, paraissent de nature à n'être jamais entièrement épuisées. Les anciens ne se sont guère occupés que de la première ; la seconde leur avait semblé résolue aussitôt que posée. Dès l'instant où l'on se fut démontré la courbure de la terre et la convexité des mers, on se hâta de conclure que la terre était un globe. Dans un temps où l'on ne voulait voir dans le ciel que des cercles, quand on ne pouvait concevoir que des mouvements rectilignes ou circulaires, on n'avait garde d'élever le moindre doute sur une supposition qui réunissait une grande simplicité en théorie et une exactitude suffisante pour la pratique. Il passa donc pour certain jusqu'à Huygens et Newton que la terre était sphérique. Dans cette hypothèse, il suffit de mesurer un arc d'un méridien quelconque pour être en état de construire un globe qui soit en petit la représentation de la terre, et sur lequel on puisse tracer dans leurs justes proportions les différents pays qui en partagent la surface. Eratosthène paraît être le premier qui ait montré comment devait se faire cette opération fondamentale de la géographie. Sans sortir de son observatoire, il donna la première idée de la marche qu'il fallait suivre pour déterminer la grandeur de la terre. Il avait lu, ou entendu dire, qu'à Syène, le jour du solstice, les puits étaient éclairés jusqu'au fond; que les corps droits ne jetaient aucune ombre à midi. Il en conclut que Syène était sous le tropique. La hauteur solsticiale, qu'il put observer lui-même à Alexandrie, lui donnait la différence de latitude ou le nombre de degrés du méridien interceptés entre les parallèles de ces deux villes. La route qui conduisait de l'une à l'autre était d'environ 5,000 stades; elle se dirigeait à peu près dans le sens du méridien : il en supposa la déclinaison tout à fait nulle. La différence en latitude lui parut la cinquantième partie d'un grand cercle. La circonférence de la terre devait parconséquent être de 250,000 stades : il la porta à 252,000, pour avoir un degré de 700 stades en nombre ronds. Ces résultats ne sont pas, comme on voit, d'une précision bien rigoureuse; mais ils suffisaient à la géographie de son temps. Pour placer sur son globe ou sur ses cartes, par rapport à Alexandrie, tous les lieux qu'il voulait décrire, il lui suffisait de connaître vers quel point de l'horizon et à quelle distance ils se trouvaient; ou bien encore, les latitudes de deux lieux, et, leur distance itinéraire étant données, on pouvait les mettre à leurs places respectives sur le globe. C'était un service essentiel, qui ne pouvait être rendu à la géographie que par un homme qui, à beaucoup d'esprit, joignît toutes les connaissances qu'on avait pu amasser de son temps. Quelques modernes ont voulu lui faire honneur d'une précision à laquelle il ne pouvait prétendre. Ces anciennes opérations, dont il ne reste que des traditions vagues, sont extrêmement commodes pour ceux qui aiment les systèmes. Elles renferment toutes quelque indertéminée qu'on évalue d'après les observations modernes, ou d'après l'hypothèse que l'on s'est faite. On y trouve tout ce qu'on veut, mais on n'y peut jamais lire que ce que l'on sait d'ailleurs; on n'y peut rien puiser qui avance le moins du monde nos connaissances. Si les modernes n'eussent pas exécuté ce qu'Eratosthène s'était contenté d'indiquer, sa mesure, si fameuse et tant de fois commentée, ne nous apprendrait rien, sinon que la distance d'Alexandrie à Syène était environ la cinquantième partie d'une circonférence. Quant à sa division du degré en 700 stades, elle n'a pour nous aucun sens, puisque rien ne détermine le stade dont il s'est servi. D'autres géographes ont divisé le degré en un autre nombre de stades, c'est-à-dire qu'ils ont traduit les nombres d'Eratosthène en d'autres fractions équivalentes, comme nous faisons nous-mêmes quand, pour la commodité du calcul, nous convertissons les minutes et les secondes en décimales de degré, ou réciproquement. Ces fractions sont identiques; il n'y a que la forme qui soit changée, et ces différents degrés dont il est question dans les anciens auteurs ont encore une existence moins réelle que celui d'Eratosthène, dont ils ne sont qu'une espèce de traduction. Celui de Posidonius est le seul sur lequel on ait conservé quelques détails; mais ses données étaient encore bien plus incertaines que celle d'Eratosthène. Riccioli fait remarquer avec beaucoup de raison, comme une chose fort suspecte, ces distances de 5,000 stades justes, que l'on compte entre Rhodes et Alexandrie, Alexandrie et Syène, Syène et Méroé; il n'en faut pas davantage pour montrer que ces trois degrés ne sont que des approximations grossières qui ne valaient pas la peine d'être tant et si longuement discutées...

Ce que les Arabes ont fait pour la mesure de la terre est encore bien moins précis. Almanoun, nous dit-on, fit assembler ses astronomes dans les plaines de Sinjar. Après y avoir pris la hauteur du pôle, on ne dit pas comment, ils se séparèrent en deux troupes et marchèrent, les uns vers le midi, les autres vers le nord, mesurant le mieux qu'ils purent la route qu'ils faisaient, observant de temps à autre la hauteur du pôle, jusqu'à ce qu'ils eussent trouvé des deux côtés une différence d'un degré entre leur latitude et celle de leur point de départ. De cette mesure de deux degrés, il résulta une évaluation qui paraît encore moins précise que celle des astronomes d'Alexandrie.

II. — Travaux des savants modernes pour la mesure des méridiens

Toutes ces mesures étaient du genre de celle de Fernel, sur laquelle on a moins disserté parce que Fernel n'est pas si ancien, et parce que son degré d'Amiens a été depuis mesuré d'une manière bien plus authentique. Comme les Arabes, il s'est acheminé vers le nord, jusqu'à ce qu'il eût trouvé la hauteur du pôle augmentée d'un degré. Comme Eratosthène, Posidonius et les Arabes, il a supposé que sa route était toute dans un même méridien. On ne sait pas si les Arabes se sont beaucoup trompés dans leur estimation : l'erreur de Posidonius était de deux degrés en longitude; celle d'Eratosthène était de trois. Fernel fut plus heureux : Amiens est, en effet, sous le même méridien que Paris, ou du moins l'écart n'est que de quelques minutes. Quant à sa mesure géodésique, elle consistait à compter les tours de roue de sa voiture. Le moyen était grossier : ceux des Grecs ne l'étaient pas moins ; ceux des Arabes n'ont probablement pas été meilleurs. Fernel a rencontré assez juste ; c'est un hasard singulier. Quand les Grecs et les Arabes auraient été aussi heureux, ce qui n'est pas, on n'en pourrait encore rien conclure.

Snellius employa une meilleure méthode : Bailli dit que c'était la méthode d'Eratosthène et des anciens. Cette assertion est au moins très gratuite. Snellius mesura une base sur laquelle il forma des triangles ; il en déduisit la distance dans le sens du méridien, et il observa la hauteur du pôle aux deux extrémités. C'est exactement la méthode actuelle ; il n'y a de différence que dans les moyens mécaniques, dans les méthodes de calcul et dans les soins qu'on y apporte maintenant : or on ne voit rien de pareil chez les anciens, quand on les lit sans prévention, et qu'on ne veut trouver dans leurs ouvrages que ce qu'ils y ont mis véritablement.

Riccioli avait imaginé, pour mesurer les degrés et le rayon de la terre, diverses méthodes, qu'il a détaillées avec soin dans sa *Géographie réformée ;* mais, outre qu'elles ne pouvaient s'appliquer qu'à de forts petits arcs, elles avaient encore l'inconvénient de dépendre plus ou moins des réfractions astronomiques ou terrestres. Les valeurs différentes auxquelles il était successivement arrivé par toutes ces méthodes, prouvaient assez qu'elles méritaient peu de confiance, et elles sont toutes aujourd'hui totalement abandonnées. La plus simple de toutes était celle qu'il avait empruntée à Kepler, et elle consistait dans la solution de ce problème très facile en théorie : *Connaissant la distance de deux lieux en ligne droite, et leurs distances angulaires au zénith l'une de l'autre, déterminer la distance de chacun de ces deux lieux au centre de la terre;* ce qui se réduit à calculer les deux côtés d'un triangle rectiligne dont on connaît deux angles et le côté compris. Mais il est visible que la réfraction terrestre altère les deux angles. On ne doit donc faire aucun fond sur cette méthode, et l'on peut voir ce qu'en ont dit Picard et Cassini dans leurs ouvrages sur la mesure et la grandeur de la terre.

Norwood, revenant en partie à la méthode de Snellius, en partie à celle de Fernel, mesurant un plus grand arc avec de plus grands instruments, et tâchant d'évaluer, au moyen d'un graphomètre, tous les détours de la route qu'il mesurait à la manière des arpenteurs, Norwood, malgré tous ses soins, se trompe d'environ 400 toises sur le degré.

Picard, qui en société avec Auzout, avait rendu

à l'astronomie un service capital, en appliquant aux grands instruments les lunettes et les micromètres en place de pinnules, suivit d'ailleurs l'exemple de Snellius, et, mettant dans toutes les parties de l'opération une exactitude et des soins auparavant inconnus, donna enfin une mesure, sur laquelle on pouvait compter, et sur laquelle on compta pendant soixante ans. On reconnut depuis qu'il s'était trompé de quelques secondes dans l'arc céleste; mais, par un hasard heureux, cette erreur trouvait une compensation, en ce que la longueur de la toise qu'il employait était plus courte d'un millième environ que celle qui a servi de modèle à la toise de l'Académie des sciences. Picard donna donc à son degré d'Amiens 57,060 toises, c'est-à-dire, environ 15 toises de moins que nous n'avons trouvé par notre mesure; mais, quand on eut reconnu l'erreur de l'arc céleste, sans avoir encore soupçonné la différence qui existait entre sa toise et celle de l'Académie, on porta son degré à 57,183 ou 57,167 toises, en tenant compte de la réfraction, et l'erreur devint alors de près de 100 toises; mais elle fut diminuée des deux tiers par les vérifications de la base de Villejuif et Juvisi, faites avec tant de soin et à tant de reprises, de 1740 à 1756.

La mesure de Picard fut continuée jusqu'à Dunkerque et Collioure par Cassini et Lahire. Cette nouvelle entreprise, commencée vers 1683, interrompue longtemps, ne put être terminée que vers 1718, et le livre où les détails de toutes ces opérations sont consignées a été imprimé comme suite aux *Mémoires de l'Académie* pour la même année.

Tout ce travail reposait sur la base de Picard. Pour vérification, on en avait pourtant mesuré deux autres sur le bord de la mer, l'une auprès de Dunkerque, et l'autre auprès de Perpignan. A la première, on ne trouva qu'une toise de différence entre le calcul et la mesure réelle; à la seconde, on eut d'abord trois toises; ensuite, par quelques corrections, on rendit cette différence un peu moindre; et puis, sans nous dire en quel sens étaient ces deux erreurs, on se contenta de conclure que les observations et les calculs étaient suffisamment vérifiés.

III. — Aplatissement de la terre vers les pôles

La grandeur de la Terre étant ainsi passablement déterminée par les astronomes français, on commença tout aussitôt à disputer sur la figure des méridiens.

Huygens et Newton avaient trouvé par la théorie que la terre devait être aplatie vers les pôles. La mesure des 8 degrés 1/2 de Dunkerque à Collioure, indiquait un allongement : ce résultat n'était pas moins contraire à celui qu'on tirait de la diminution du pendule, près de l'équateur, observée par Richer, qu'il n'était opposé aux démonstrations d'Huygens et de Newton. Mairan, dans les mémoires de 1720, fit tous ses efforts pour concilier les observations du pendule et celles des degrés, et prouver que les unes et les autres pouvaient être également bonnes. Desaguliers, dans les *Transactions philosophiques,* soutint que l'hypothèse de Mairan était inadmissible. La dispute ne finissait pas : divers auteurs proposaient des moyens plus ou moins faciles pour décider la question ; le plus sûr était, sans contredit, celui de mesurer deux degrés, l'un vers l'équateur, et l'autre vers le pôle. Ces opérations démontrèrent l'aplatissement. On n'avait pas attendu ces mesures pour élever des doutes sur l'exactitude de celles qui avaient été exécutées en France; on sentit la nécessité de les vérifier. Cassini de Thuri s'en chargea, conjointement avec Lacaille, en 1739. Leur travail parut sous le titre de *Méridienne vérifiée* en 1744, comme suite aux *Mémoires de l'Académie :* et il ne resta plus de doutes sur l'allongement des degrés en allant de l'équateur au pôle. Cette conclusion était encore confirmée par la mesure d'un degré de longitude, exécutée par les deux mêmes astronomes; tout conspirait donc pour prouver l'aplatissement : la quantité seule laissait matière à de nouvelles recherches, plus difficiles encore et plus délicates que toutes celles qu'on avait déjà faites.

Depuis ce temps, plusieurs degrés ont été mesurés en différents pays. Lacaille, au cap de Bonne-Espérance; Boscowich, dans les Etats du Pape; Beccaria, dans le Piémont; Liesganig, en Autriche et en Hongrie, suivirent avec plus ou moins de succès les exemples donnés en France; enfin, Mason et Dixon mesurèrent un degré en Pensylvanie, sans employer aucun triangle, et en portant la toise sur l'arc terrestre tout entier. Loin de fixer l'incertitude qui restait sur la quantité de l'aplatissement, la comparaison de tous ces degrés était plus propre à faire douter de la similitude des méridiens ou de la régularité de leur courbure. Ces soupçons ont acquis de nouvelles forces par les dernières opérations. On finira peut-être par reconnaître que les parallèles ne s'éloignent pas moins que les méridiens de la figure circulaire, et que la terre n'est pas exactement un solide de révolution; mais, si l'on acquiert la preuve que toutes les parties de la terre sont irrégulières, on saura, du moins à peu près, dans quelles limites ces irrégularités seront renfermées, et l'on resserera de plus en plus ces limites : déjà même il est démontré que, si l'on peut commettre quelque erreur en donnant à la terre la figure d'un sphéroïde elliptique, cette erreur est du moins absolument indifférente pour la pratique.

IV. — CONCEPTION D'UNE MESURE UNIVERSELLE ET INVARIABLE PRISE DANS LA NATURE

Ces mesures de degrés, et celles du pendule, faites avec des soins non moins scrupuleux, en différents climats, avaient donné l'idée d'une mesure universelle et invariable, dont l'original serait pris dans la nature. Picard, qui avait lié entre elles les deux opérations, afin qu'on pût en tout temps retrouver la valeur de sa toise, proposait la longueur du pendule pour cette mesure universelle, et lui donnait le nom de rayon astronomique; il promettait que cette longueur et sa toise seraient scrupuleusement conservées dans le magnifique Observatoire qui venait d'être terminé. On eut depuis à se repentir d'avoir négligé une précaution si sage et si facile.

Cassini, dans le livre *De la grandeur et de la figure de la Terre,* proposait un pied géométrique qui serait la six-millième partie de la minute du grand cercle, ou bien une brasse de deux de ces pieds, et qui serait la dix-millionième partie du demi diamètre de la terre, ou enfin une toise de six de ces mêmes pieds, en sorte que le degré eût été de 60,000 toises. Cette idée différait peu de celle de Mouton, qui, dans un ouvrage imprimé à Lyon en 1678, proposait de prendre pour unité la minute du degré qu'il appelait *mille;* les divisions et sous-divisions de cette grande unité étaient toutes décimales, et il leur donnait les noms de *centuria, décuria, virga, virgula, decima, centesima* et *millesima,* ou de *stadium, funiculus, virga, virgula, digitus, granum, punctum.*

Cette idée d'une mesure universelle, prise dans la nature, fut applaudie et souvent reproduite, mais sans aucun succès, si ce n'est celui d'avoir été jugée assez bonne pour qu'on ait cru devoir en faire honneur aux anciens. Paucton dit expressément que le *prototype naturel auquel les anciens avaient rapporté leurs mesures est la mesure de la terre; l'Egypte conservait ce module authentique; le côté de la grande Pyramide, pris cinq cents fois, est précisément la mesure du degré déterminé par les modernes.* Dans cette hypothèse, tout s'explique avec une merveilleuse facilité, mais c'est en donnant 684 pieds 1/5 au côté de la base. Or, suivant les mesures faites par les astronomes et ingénieurs français en Egypte, ce côté est de 716 pieds 1/2; et cette longueur donne au degré 2,700 toises de plus qu'il ne devait avoir, selon nos mesures.

Bailli, en présentant à son lecteur une idée assez semblable à celle de Paucton, ne l'offre du moins que comme une conjecture vraisemblable. « *Les anciens,* nous dit-il, *ont eu, comme nous, l'idée de rendre leurs mesures invariables en les prenant dans la nature, et cette idée, encore sans exécution chez nous, semble avoir été remplie par eux.* Comme Paucton, il prend pour bases de son système le côté de la pyramide et la coudée, qu'il suppose de 20 pouces 54 ; mais, suivant nos ingénieurs, la coudée nilométrique est de 19,992 pouces, tandis que le côté de la pyramide est de 716 pieds 1/2 au lieu de 684 pieds 1/5. Nous ne ferons aucune réflexion sur tous ces systèmes bâtis sur des fondements si ruineux ; mais on regrette que tant d'auteurs, qui se sont exercés à retrouver dans les ouvrages des anciens tout ce que les modernes ont de mieux, ne se soient pas attachés plutôt à démêler les découvertes futures que ces ouvrages recèlent aussi, sans doute, et à nous apprendre ce que nous ignorons encore.

Quoi qu'il en soit, au reste, de toutes ces conjectures; que les mesures usitées chez les peuples anciens, dont nous connaissons l'histoire, aient eu pour origine les travaux d'un peuple inconnu, dont la mémoire n'était pas même parvenue aux Grecs ni aux Romains ; que l'idée d'une mesure universelle et prise dans la nature soit due aux modernes, ou qu'elle ait été réalisée avant les temps historiques, nous la voyons enfin heureusement exécutée ; c'est de tous les bons effets qui resteront de la Révolution française celui que nous aurons payé le moins cher, et, si ce grand changement a éprouvé quelques contradictions, elles tenaient uniquement à cet esprit d'inertie et de paresse, qui commence toujours par repousser les nouveautés les plus utiles.

V. — Décrets de l'Assemblée constituante du 8 mai et du 22 aout 1790.

Depuis longtemps, l'étonnante et scandaleuse diversité de nos mesures avait excité les réclamations des bons esprits; plus d'une fois on avait présenté des projets de réforme au gouvernement, qui les avait fait examiner; mais, malgré les rapports les plus favorables, malgré la bonne volonté des ministres, et particulièrement du contrôleur général des finances Orry, ces projets avaient toujours été repoussés ou mis en oubli. En 1788, le vœu d'une mesure uniforme fut consigné dans les cahiers de quelques bailliages; quelques savants firent entendre leur voix. Les esprits étaient alors disposés à recevoir avec enthousiasme toutes les réformes utiles. Le système incohérent de nos mesures, outre ses inconvénients réels, avait un vice originel qui en fit hâter l'abolition : la confusion qui y régnait était en grande partie l'ouvrage de cette féodalité que personne n'osait plus défendre, et dont on travaillait à faire disparaître jusqu'aux moindres vestiges. Ce concours unique de circonstances valut un accueil favorable à la proposition faite en 1790 à l'Assemblée Constituante par M. de Talleyrand, aujourd'hui ministre des relations extérieures. Le 6 mai, M. de Bonnai fit son rapport, et, le 8 du même mois, l'Assemblée rendit un décret par lequel *le roi était supplié d'écrire à S. M. Britannique, et de la prier d'engager le parlement d'Angleterre à concourir avec l'Assemblée nationale à la fixation de l'unité naturelle des mesures et des poids, afin que, sous les auspices des deux nations, des commissaires de l'Académie des sciences pussent se réunir en nombre égal avec des membres choisis de la Société royale de Londres, dans le lieu qui serait jugé respectivement le plus convenable, pour déterminer à la latitude de 45 degrés, ou toute autre latitude qui pourrait être préférée, la longueur du pendule, et en déduire un modèle invariable pour toutes les mesures et pour les poids.*

VI. — Principes pour la détermination du mètre universel

Ce décret fut sanctionné le 22 août. L'Académie nomma une commission composée de MM. Borda, Lagrange, Laplace, Monge et Condorcet.

Leur rapport, imprimé dans les *Mémoires de l'Académie des sciences pour* 1788, est du 19 mars 1791. On y voit les raisons qui peuvent être alléguées en faveur des trois unités fondamentales entre lesquelles les choix pouvaient se partager. La première est le pendule qui bat les secondes. Les commissaires croient qu'il faudrait prendre celui de 45 degrés, par la raison « qu'il est moyen arithmétique entre tous les pendules inégaux entre eux qui battent les secondes aux différentes latitudes; mais on peut observer en général que le pendule renferme un élément hétérogène, qui est le temps, et un élément arbitraire, la division du jour en 86,400 secondes. Or, il est possible d'avoir une unité de longueur qui ne dépende d'aucune autre quantité. Cette unité, prise sur la terre même, aura un autre avantage, celui d'être parfaitement analogue à toutes les mesures réelles que, dans les usages communs de la vie, on prend aussi sur la terre, telles que les distances entre des points de sa surface ou l'étendue des portions de cette même surface. Il est bien plus naturel, en effet, de rapporter la distance d'un lieu à un autre au quart d'un de ces cercles terrestres, que de les rapporter à la longueur d'un pendule. » Les commissaires, se déterminant pour ce genre d'unité de mesure, ne pouvaient plus balancer qu'entre le quart de l'équateur ou celui du méridien, qui sont les deux autres unités dont nous avions à parler.

« La régularité de l'équateur n'est pas plus

assurée que la similitude ou la régularité des méridiens ; la grandeur de l'arc céleste répondant à l'espace qu'on aurait mesuré, est moins susceptible d'être déterminée avec précision; enfin on peut dire que chaque peuple appartient à un des méridiens de la terre, mais qu'une partie seulement est placée sous l'équateur.

» Le quart du méridien terrestre deviendrait donc l'unité réelle de mesure, et la dix-millionième partie de cette longueur en serait l'unité usuelle. On renoncerait à la division ordinaire du quart de méridien en degrés, du degré en minutes et de la minute en secondes; mais on ne pourrait conserver cette ancienne division sans nuire à l'unité du système de mesure, puisque la division décimale, qui répond à l'échelle arithmétique, doit être préférée pour les mesures d'usage, et qu'ainsi l'on aurait pour celles de longueur seules deux systèmes de division, dont l'un s'adapterait aux grandes mesures et l'autre aux petites. La lieue, par exemple, ne pourrait être à la fois et une division simple du degré et un multiple de la toise en nombres ronds. Les inconvénients de ce double système seraient éternels; au contraire, ceux du changement seront passagers.

» En adoptant ces principes, on n'introduira rien d'arbitraire dans les mesures, que l'échelle arithmétique sur laquelle leurs divisions doivent nécessairement se régler; de même, il n'y aura

L'artiste Lenoir construit les cercles répétiteurs. (page 37)

rien d'arbitraire dans les poids, que le choix de la substance homogène et facile à retrouver, toujours dans le même degré de pureté et de densité, à laquelle il faut rapporter la pesanteur de toutes les autres, comme, par exemple, si l'on choisit pour base l'eau distillée, pesée dans le vide ou rappelée au poids qu'elle y aurait, et prise au degré de température où elle passe de l'état de solide à celui de liquide...

» Nous proposerons donc de mesurer immédiatement un arc du méridien depuis Dunkerque jusqu'à Barcelone, ce qui comprend un peu plus de 9° 1/2. Cet arc serait d'une étendue très suffisante, et il y en aurait environ 6 degrés au nord et 3 et 1/2 au midi du parallèle moyen. A ces avantages se joint celui d'avoir les deux points extrêmes également au niveau de la mer. C'est pour satisfaire à cette dernière condition qui donne l'avantage d'avoir des points de niveau invariables et déterminés par la nature, pour augmenter l'arc mesuré, pour qu'il soit partagé d'une manière plus égale, enfin pour l'étendre au-delà des Pyrénées et se soustraire aux incertitudes que leur effet sur les instruments peut produire dans les observations, que nous proposons de prolonger la mesure jusqu'à Barcelone.

« Les opérations nécessaires pour ce travail seraient 1° de déterminer la différence de latitude entre Dunkerque et Barcelone, et, en général, de faire sur cette ligne toutes les observations astronomiques qui seraient jugées utiles; 2° de mesurer les anciennes bases qui ont servi à la mesure du degré faite à Paris, et aux travaux de la carte de France; 3° de vérifier par de nouvelles observations la suite des triangles qui ont été employés pour mesurer la méridienne, et de les prolonger jusqu'à Barcelone; 4° de faire au 45e degré des observations qui constatent le nombre des vibrations que ferait en un jour, dans le vide, au bord de la mer, à la température de la glace fondante, un pendule simple égal à la dix-millionième partie de l'arc du méridien, afin que ce nombre, étant une fois connu, on puisse retrouver cette mesure par les observations du pendule. On réunit par ce moyen les avantages du système que nous avons préféré, et de celui où l'on aurait pris pour unité la longueur du pendule. Ces observations peuvent se faire avant que cette dix-millionième partie soit connue : connaissant, en effet, le nombre des oscillations d'un pendule d'une longueur déterminée, il suffira de connaître dans la suite le rapport de cette longueur à cette dix-millionième partie, pour en déduire d'une manière certaine le nombre cherché. 5° Vérifier par des expériences nouvelles et faites avec soin, la pesanteur dans le vide d'un volume donné d'eau distillée, prise aux termes de la glace. 6° Enfin réduire aux mesures actuelles de longueur, les différentes mesures de longueur de surface ou de capacité usitées dans le commerce, et les différents poids qui y sont en usage, afin de pouvoir ensuite, par de simples règles de trois, les évaluer en mesures nouvelles lorsqu'elles seront déterminées...

» Nous n'avons pas cru qu'il fût nécessaire d'attendre le concours des autres nations, ni pour se décider sur le choix de l'unité de mesure, ni pour commencer les opérations. En effet, nous avons exclu de ce choix toute détermination arbitraire ; nous n'avons admis que des éléments qui appartiennent également à toutes les nations. Le choix du 45e parallèle n'est point déterminé par la position de la France ; il n'est pas considéré ici comme un point fixe du méridien, mais seulement comme celui où correspondent la longueur moyenne du pendule et la grandeur moyenne d'une division quelconque de ce cercle. Enfin nous avons choisi le seul méridien où l'on puisse trouver un arc aboutissant au niveau de la mer, coupé par le parallèle moyen, sans être cependant d'une trop grande étendue, qui en rende la mesure actuelle trop difficile. Il ne se présente donc rien ici qui puisse donner le plus léger prétexte au reproche d'avoir voulu affecter une sorte de prééminence.

» En un mot, si la mémoire de ces travaux venait à s'effacer, si les résultats seuls étaient conservés, ils n'offriraient rien qui pût servir à faire connaître quelle nation en a conçu l'idée, en a suivi l'exécution. »

VII. — Construction des instruments pour la mesure du méridien

Les commissaires proposaient à l'Académie de nommer six commissions différentes pour les six opérations distinctes dont le projet était composé ; mais, avant tout, ce projet devait être présenté à l'Assemblée nationale. C'est ce qui fut exécuté sans retard ; car le décret qui adoptait le plan proposé par l'Académie est du 26 mars 1791, et la sanction suivit quatre jours après. Cette loi portait en outre que le Roi chargerait l'Académie des sciences de nommer des commissaires, qui devaient sans délai s'occuper de ces opérations, et notamment de la mesure d'un arc du méridien depuis Dunkerque jusqu'à Barcelone.

Les diverses commissions furent en effet nommées presque aussitôt, ainsi qu'on le voit dans un écrit intitulé : *Exposé des travaux de l'Académie sur le projet de l'uniformité des mesures et des poids* (1788, p. 17) ; seulement on crut devoir charger une commission unique des observations, tant astronomiques que géodésiques, qui devaient concourir à la détermination de la grandeur du méridien.

On s'occupa sans relâche de la construction

des instruments nécessaires aux diverses opérations. L'essai qu'on avait fait du cercle répétiteur dans la jonction des Observatoires de Paris et de Greenwich, en 1787, le succès avec lequel MM. Borda, Cassini et Méchain l'avaient appliqué à la mesure des hauteurs du soleil et de différentes étoiles, prouvaient que cet instrument, si commode par la petitesse de ses dimensions, remplacerait, à lui seul, avec avantage les grands secteurs et les quarts de cercle dont on s'était servi jusqu'alors. Mais il n'existait encore qu'un seul de ces cercles, celui qui avait été éprouvé en 1787; il était d'ailleurs presque hors d'état de servir. L'artiste Lenoir se chargea d'en construire quatre autres, d'un rayon un peu plus grand. Il exécuta de plus les grandes règles de platine qui ont servi aux mesures des bases, une autre règle de platine destinée aux observations du pendule; deux boules, l'une d'or, l'autre de platine, pour les mêmes observations; enfin il coopéra, avec MM. Borda et Lavoisier, à toutes les expériences faites pour la dilatation relative du cuivre et du platine.

Dès le 15 juin 1792, MM. Cassini et Borda commencèrent à l'Observatoire les expériences du pendule, et les continuèrent jusqu'au 4 août. Leur appareil était fixé contre le mur qui porte aujourd'hui les deux quarts de cercle muraux. Les expériences pour la dilatation relative du cuivre et du platine se firent l'année suivante, du 24 mai au 5 juin, dans le jardin de la maison que M. Lavoisier occupait alors sur le boulevard de la Nouvelle-Madeleine, et les bornes qu'on y avait solidement établies pour cet objet ont subsisté tant qu'on a cru que leur conservation pourrait être utile. On verra tous les détails de ces diverses expériences dans deux mémoires de Borda.

Quinze mois s'étaient écoulés depuis la promulgation de la loi qui avait ordonné la mesure de la méridienne. L'artiste, distrait, comme nous l'avons dit, par beaucoup d'autres soins, n'avait pu achever plus tôt les quatre cercles répétiteurs, et quelques réverbères à miroir parabolique, destinés à servir de signaux de nuit dans des circonstances où les signaux ordinaires seraient trop difficiles à voir, soit à cause de l'éloignement, soit à cause des brumes. Une proclamation du roi, fut rédigée en vue de faciliter nos opérations, et de mettre sous la protection spéciale des autorités administratives nos signaux, nos réverbères et nos échafauds; cette proclamation, l'un des derniers actes d'une autorité expirante, ne nous fut remise que le 24 juin, c'est-à-dire dans le temps où elle ne pouvait plus avoir qu'une utilité passagère, pour n'être bientôt après, entre nos mains, qu'un titre qui nous rendrait suspects au lieu de nous protéger.

VIII. — Méchain en Espagne

Méchain partit le 25 avec les deux premiers cercles qui furent achevés. Il était chargé spécialement de la partie méridionale de l'arc à mesurer. Nous étions convenus qu'il aurait dans son lot les 170,000 toises qui mesurent la distance de Barcelone à Rodez. Le mien était composé de 380,000 toises que l'on compte de Rodez à Dunkerque. La raison de cette répartition inégale fut que la partie espagnole était absolument neuve, tandis que le reste avait été déjà mesuré deux fois; nous étions persuadés qu'elle devait offrir bien de difficultés; nous ignorions que les plus grandes se trouveraient pour nous aux portes mêmes de Paris. Méchain en fit bientôt la triste expérience: arrêté dès la troisième poste par des citoyens inquiets, qui ne voyaient partout que complots et projets de contre-révolution, il eut beaucoup de peine à se tirer de leurs mains; les magistrats et les officiers municipaux n'avaient pas encore perdu tout crédit sur l'esprit du peuple; ils firent respecter la loi, et Méchain eut la permission de continuer sa route. A mesure qu'il avançait, il trouvait moins d'obstacles; cependant la présence de deux commissaires espagnols, qui l'accompagnaient dans ses courses sur les limites des deux Etats, jetèrent l'alarme dans les villages français : il se vit obligé de remettre à un autre temps deux stations qu'il avait établies sur les frontières; et, dès qu'il eut passé les Pyrénées, il ne rencontra plus d'opposition. Aidé par M. Tranchot, ingénieur géographe, avantageusement connu par la carte de Corse, et qu'il avait pris pour adjoint, il eut bientôt reconnu toutes les stations propres à être les sommets de ses triangles; ses signaux furent bientôt placés : dès le 13 septembre, il put commencer la mesure des angles à la station de N.-D.-du-Mont. Celles de Puig-se-Calm, Roca-Corba, Rodos, Mont-Serrat, Valvidrera, se suivirent avec rapidité. Il s'était reposé sur MM. Tranchot, Planez et Alvarez du soin de prendre les angles à Matas et Matagalls. Enfin, le 29 octobre, il termina la station du fort de Mont-Jouy, au sud de Barcelone, la dernière et la plus australe de toute la méridienne. C'était là qu'il avait résolu d'employer tout son hiver à la détermination de la latitude et de l'azimut.

IX. — Delambre commence ses opérations a Paris et dans les environs de la capitale

Je n'avais pas ce bonheur en France. Dès le 26 juin, avec l'un de mes cercles, et en attendant que le second fût prêt, j'allai visiter les stations les plus voisines de Paris. Elles n'offraient pas à beaucoup près les facilités auxquelles je m'étais attendu. A Montmartre, où je me transportai d'abord; au lieu d'un clocher ouvert de toutes parts, et où l'on avait pu, en 1740, observer du centre tous les objets environnants, je ne trouvai qu'une tour écrasée, moins haute que le faîte de l'église, et dans laquelle il est impossible de faire la moindre observation. Je ne concevais rien à ce changement, dont personne ne put me rendre raison, et il ne me fut expliqué que plusieurs années après, par quelques estampes représentant des vues de Paris, dessinées et gravées par Milcent en 1735, et publiées par Desrochers, graveur rue du Foin-Saint-Jacques. On y voit très distinctement sur le toit de l'église une assez belle flèche, dont la base est une lanterne ouverte, où les astronomes se placèrent sans doute en 1740. Obligé de renoncer à ce point, dont la situation avait été si avantageuse, ma première idée fut d'y substituer le Panthéon. M. de la Rochefoucauld, qui était alors président du département de Paris, et président de l'Académie des sciences, en m'offrant toutes les facilités qui dépendraient de lui, m'avertit qu'on se disposait à faire des changements à ce dôme; cet inconvénient me fit essayer d'autres projets. Le premier fut de me servir d'un belvéder nouvellement construit à l'extrémité de Montmartre; mais, vu de Dammartin, il se confondait avec les maisons voisines; je le remplaçai par les Invalides; ils étaient invisibles de Saint-Martin du Tertre, et je fus obligé, après bien des tentatives inutiles, d'en revenir au Panthéon. La tour de Montlhéry était dans le même état que du temps de Picard et de Cassini; mais elle est à la fois trop grosse et trop irrégulière pour former un bon signal. J'en fis placer un à 6 toises de la tour : il fut détruit le jour même; le procureur de la commune le fit rétablir aux frais de l'auteur du délit, ce qui n'empêcha pas que quelque temps après il ne fût renversé de nouveau, et mis en pièces.

Malvoisine n'avait éprouvé aucun changement, mais les arbres dont la ferme est environnée, rendaient très difficile l'observation de la cheminée prise pour signal en 1740. Après ce que Méchain avait éprouvé tout près de là, et ce qui venait de m'arriver à moi-même à Montlhéri, je ne jugeai pas à propos d'élever un signal sur le toit de la maison, comme je l'ai fait quelques années après; je fis hausser la cheminée de six pieds. Torfou et Brie ne présentèrent aucune difffculté. La tour de Montjai, du temps de Picard, était tellement en ruines qu'il n'avait pas voulu y remonter une seconde fois pour vérifier une erreur de 10'', qu'il avait commise dans un de ses triangles. Cassini et Lacaille y montèrent pourtant en 1740, et y placèrent un signal à 14 pieds de l'extrémité orientale des ruines; mais il est difficile de savoir si cette extrémité était toujours la même, ou si la tour avait perdu quelque chose de ce côté depuis cinquante deux ans. Ce qu'il y a de certain, c'est que la moitié du mur circulaire est entièrement détruite, et qu'il n'en reste rien qui s'élève au-dessus du terrain; la moitié qui est debout est même fort peu régulière. Les moyens de monter au sommet paraissaient fort dangereux pour les instruments et les observateurs; l'envie de vérifier autant qu'il serait possible les anciens triangles, me faisait passer pardessus toutes ces difficultés, et l'on devait me construire un signal comme en 1740, vers l'extrémité orientale des ruines : mais, quand le charpentier voulut se mettre à l'ouvrage, les habitants, armés de fusils, vinrent l'en empêcher, et l'on verra plus loin quels désagréments nous a coûtés ce signal, qui n'a jamais existé qu'en projet.

Le clocher de Saint-Martin-du-Tertre, quoique rebâti en 1745, menaçait ruine au point qu'on en avait descendu les cloches, à la réserve d'une seule, qu'on ne pouvait sonner sans ébranler la charpente et la maçonnerie d'une manière tout à fait alarmante.

Celui de Dammartin devait durer moins encore; car l'église venait d'être vendue, et le propriétaire se disposait à l'abattre, comme il l'a fait peu de temps après. Il eût été difficile à remplacer. Cette circonstance me fit changer mon plan, et je pris la résolution de commencer par les stations qui entourent Dammartin.

Toutes ces recherches, et bien d'autres, dont je ne parle pas à cause de leur peu de succès, m'occupèrent jusqu'au 15 juillet.

Mon second cercle était fini, mais non encore les réverbères. Au reste, comme il était évident que dans les circonstances où nous nous trouvions, il eût été très imprudent de les employer, je ne les attendis pas, et je partis le 16 juillet pour Compiègne.

Le moulin de Jonquières, qui en est à deux lieues, devait être notre première station; il avait servi dans l'opération de Picard et dans celle de 1740. Mais les moulins sont, en général, d'assez mauvais signaux, parce que l'axe autour duquel on les fait tourner est rarement au centre de la figure, et qu'ainsi la quantité de l'angle dépend du vent qui souffle. Méchain en avait fait l'expérience, en 1787, sur le moulin de Fiennes, et j'ai éprouvé la même chose à Brie, sur le moulin de Fontenai. Pour éviter ces inconvénients, je fis placer un signal à quarante-deux pieds de l'axe du moulin. J'ai appris depuis que ce moulin avait été incendié, et je ne crois pas qu'il soit rétabli.

Arrivé le 16 à Jonquières, nous y fûmes reçus avec bienveillance. Le maire du lieu, quoiqu'il n'eût aucune connaissance de la loi relative à notre mesure, et que le district eût négligé de lui faire passer la proclamation du Roi, nous donna

Delambre explique l'usage de ses instruments. (page 52)

toutes les permissions que nous lui demandions, et, dans le même jour, nous commençâmes nos observations. J'avais fait chercher dans le village un vieillard assez âgé pour avoir souvenance de l'opération faite en 1739. Pour rassurer les bons villageois qui commençaient à s'attrouper autour de nous, je faisais raconter au vieillard tout ce qu'il avait vu de l'ancienne mesure : ses récits naïfs, très curieux pour moi, ne produisirent sur les auditeurs qu'une partie de l'effet que j'avais désiré ; les murmures commençaient, lorsque je vis la municipalité en corps, qui venait m'exprimer les inquiétudes des habitants, et me prier de vouloir bien suspendre mes opérations jusqu'à ce que l'administration départementale pût être consultée. J'offris de partir le soir même pour aller à Beauvais chercher l'autorisation expresse qui devait dissiper les alarmes. On me facilita les moyens de faire ce voyage. Le président du département de l'Oise était alors M. Dauchi, aujourd'hui conseiller d'Etat et préfet de Marengo, ci-devant membre de l'Assemblée nationale, et qui même la présidait quand elle avait rendu l'un des décrets relatifs à la mesure de la méridienne. Il me donna pour la municipalité l'arrêté que je désirais, et, de plus, pour le curé, qu'il connaissait, une recommandation des plus pressantes. Muni de ces deux pièces, je fus reçu parfaitement de nos bons villageois, qui firent pour nous tout ce qui dépendait d'eux, pendant cinq jours que nous restâmes à Jonquières. Nous n'éprouvions plus d'autre inquiétude que celle de ne pouvoir faire accorder nos observations du clocher de Saint-Martin-du-Tertre avec celles de 1740 ; nous ignorions encore que ce clocher eût changé de place.

A Clermont, je fus encore obligé de changer le centre de station, non pas à la vérité de 42 pieds, comme à Jonquières, mais de 13 pieds 1/2. Au lieu de la belle flèche qui s'élevait de 67 pieds au-dessus de la tour carrée qui sert de clocher, et qui, de toutes parts, se projetait dans le ciel, je ne trouvai plus que les murs de la tour, et, à l'un des angles, un tourillon qui s'élevait de 8 pieds 1/2 au-dessus de la balustrade ; faute de mieux, je fus réduit à le prendre pour signal. Son peu de hauteur le rendait assez difficile à bien observer, d'autant plus qu'il se projetait sur des objets voisins d'avec lesquels on avait de la peine à le distinguer.

X. — Delambre arrêté comme suspect

Ainsi, pour la seconde fois, je voyais s'évanouir l'espoir de comparer mes angles à ceux des anciennes opérations. Outre le changement de centre de station au clocher de Clermont, des cinq objets que j'avais à observer, trois avaient changé de place; en sorte qu'en calculant des réductions assez incertaines, le 9 juin 1900, je n'aurais pu comparer que des sommes ou des différences d'angle, et aucun angle réellement observé. A cela près, la station n'eut d'autre incommodité que le mauvais temps. Celle de Saint-Christophe fut agréable de tous points; mais il n'en fut pas de même à Dammartin. Nous n'y fûmes pas longtemps sans connaître l'impossibilité d'y observer le belvéder Flécheux, que j'avais tenté de substituer au clocher de Montmartre. Le 10 août au matin, M. Lefrançais-Lalande, maintenant membre de l'Institut, et qui avait bien voulu m'aider dans ces opérations, partit pour Paris, afin d'aller le soir à Montmartre allumer un réverbère chez Flécheux. Nous ignorions l'un et l'autre ce qui se passait aux Tuileries. J'attendis vainement au clocher jusqu'à 10 heures du soir; je n'aperçus d'autre lueur que celle des maisons qui brûlaient dans la cour du Carrousel. M. Lalande, neveu, avait bien pu rentrer à Paris, mais on n'en laissait sortir personne; il eut bien de la peine le lendemain à se faire délivrer un ordre pour passer la barrière. Il alluma le reverbère que nous aperçumes à 8 heures et 1/2. Cette espèce de signal n'était pas sans danger dans une pareille circonstance. Le 12 et le 13, nous ne vîmes rien; le 14, le réverbère fut allumé de nouveau : la lumière en était fort tremblante; mais ce n'était pas là le plus grand obstacle; il

4

aurait fallu deux autres réverbères semblables, l'un à Saint-Martin-du-Tertre, l'autre à Saint-Christophe.

Heureusement nous ne les avions point; on ne peut savoir quels eussent été les résultats d'observations aussi imprudentes. Je sentis la nécessité de choisir un autre objet : j'essayai les Invalides. Le charpentier qui s'était chargé de placer un signal sur la tour de Montjai, m'apporta le procès verbal de la résistance qu'il avait éprouvée. Je pars aussitôt pour Meaux, dans l'espérance que l'administration du district pourra lever cet obstacle. On n'avait aucune connaissance officielle de la proclamation : on me dit qu'on ne peut forcer les habitants à souffrir mes opérations, mais seulement les y exhorter, en leur répondant qu'elles n'ont rien dont ils doivent s'alarmer. On me donne des lettres en ce sens pour le maire de Montjai : elles sont lues au prône, et ne font qu'affermir les habitants dans leur opposition. La fermentation augmente parmi eux; ils se liguent avec ceux des communes voisines, et notamment avec ceux de Lagni, pour résister plus efficacement si l'on veut employer la force. Je cherche un autre objet qui puisse remplacer cette tour dont l'accès m'était interdit, et sur laquelle je n'était pas moi-même trop curieux de monter. En examinant l'horison, j'aperçois le moulin de Belle-Assise, observé en 1740. Je n'aurais pu me dispenser d'y placer un signal, et ce lieu était trop voisin de Montjai pour qu'on m'y laissât tranquille. Le château de Belle-Assise est remarquable de loin par un beau pavillon dont la toiture pyramidale offre un signal tout fait : c'est ce que je pouvais désirer de mieux. Muni de lettres du district pour la municipalité du lieu, je me présente à Belle-Assise, où j'ai le bonheur d'achever la mesure de mes angles sans être aperçu; mais, au moment où nous nous disposons à partir, un détachement de la garde nationale de Lagni vient visiter le château. On nous reconnaît, on se rappelle que nous avions voulu placer un signal à Montjai; on nous enlève, on nous entraîne à travers les champs par une pluie affreuse. Nous arrivons à Lagni à minuit; je montre notre proclamation et l'ordre particulier du district de Meaux. Ces pièces étaient sans réplique. La municipalité, pour notre propre sûreté sans doute, nous consigne à l'auberge de l'Ours, avec deux fusillers qui doivent veiller toute la nuit à notre porte; nous obtenons seulement la permission d'envoyer un exprès à Meaux le lendemain matin : la réponse arrive le même jour, et l'on nous rend la liberté.

L'ordre des opérations nous appelait à Saint-Martin-du-Tertre : la route fut difficile; à chaque pas nous étions arrêtés. Toutes les municipalités étaient en séance permanente; il fallait y comparaître. On discutait devant nous s'il était prudent de nous laisser passer, et s'il ne valait pas mieux s'assurer de nos personnes. Plusieurs scènes du même genre, qui s'étaient succédé dans la même matinée, nous faisaient voir l'impossibilité d'aller plus loin avec des passeports et des ordres émanés d'une autorité qui n'était plus. M. Lefrançais se chargea d'aller à Paris en solliciter de nouveaux. Je ne voulais pas y rentrer moi-même, prévoyant bien qu'on me dirait unanimement qu'il fallait remettre à des temps plus tranquilles, et je pensais que l'opération une fois suspendue, on ne trouverait de longtemps des circonstances qui parussent favorables pour la reprendre. Arrivé à Saint-Denis, j'y fais viser mes passeports, et j'obtiens un arrêté du district; mais, en me le remettant, le procureur-syndic m'avertit qu'avec ce secours je n'irai pas à un quart de lieue. En effet, une demi-heure après, en passant par Epinai, nous nous voyons arrêter. On trouve que nos instruments ne sont pas désignés assez clairement dans nos passeports, on veut les saisir : on exige que je les étale sur le terrain et que j'en explique l'usage. Personne n'entend la démonstration que j'en fais, et il faut la recommencer pour chaque curieux qui survient. Vainement je veux mettre dans mes intérêts deux arpenteurs qui se trouvent présents, en leur prouvant l'affinité de mes opérations avec celles dont ils font profession; ils voient trop à la disposition des esprits qu'ils tâcheraient inutilement de parler en notre faveur; ils n'osent donner de conclusion. Après trois heures de débats, on nous force à remonter dans nos voitures, que la garde armée accompagne. On nous mène à Saint-Denis. La place était remplie de volontaires qui attendaient des armes pour aller à la défense des frontières. On nous fait traverser cette foule, en l'excitant contre nous par les qualités sous lesquelles on nous annonce. Je demande à être conduit au district, qui, le matin même, avait pris un arrêté en notre faveur. Pendant que nous y sommes, on fait sur la place la visite de nos voitures : on y trouve des lettres cachetées, adressées à toutes les administrations des départements que traverse la méridienne. On veut rompre les cachets; la garde nationale de Saint-Denis s'y oppose, en alléguant un décret de l'Assemblée Constituante. Des cris se font entendre, on demande le procureur-syndict et moi. Nous descendons sans trop savoir ce qu'on veut de nous. En descendant, le procureur-syndic me montre un endroit où je puis me cacher, et me conseille d'attendre quelques instants et de tâcher ensuite de m'évader, s'il tarde à reparaître. Il revient m'annoncer que le danger n'est pas imminent. On avait besoin de moi pour rompre les cachets. On fait publiquement la lecture des lettres. C'était une circulaire par laquelle le comité d'instruction civique de l'Assemblée nationale nous recommandait à toutes les administrations départementales. On avait déjà lu six de ces lettres; on voulait les entendre toutes. Le lecteur épuisé demande grâce. Je propose qu'on prenne une lettre au hasard parmi toutes celles qui étaient intactes; je réponds sur ma tête que toutes se ressemblent, et je demande qu'on s'en tienne à cette dernière épreuve, si elle est conforme à ce que j'annonce. La proposition est acceptée; mais, après l'examen des lettres, on commence celui des instruments : on les étale sur la place, et me voilà forcé de recommencer le cours de géodésie dont j'avais donné les premières leçons à Epinai. On ne m'écoute pas plus favorablement. Le jour commençait à tomber; on n'y voyait presque plus. L'auditoire était très nombreux : les premiers rangs entendaient sans comprendre; les autres plus éloignés, entendaient moins et ne voyaient rien. L'impatience et les murmures commençaient; quelques voix proposaient un de ces moyens expéditifs si fort en usage dans ces temps, et qui tranchaient toutes les difficultés, mettaient fin à tous les doutes. Le président du district eut l'heureuse idée de renvoyer au lendemain l'examen de tous nos instruments; mais, affectant pour nous sauver, une très grande sévérité, il ordonna que le scellé serait mis sur nos effets et nos voitures déposées au corps-de-garde. Alors on remonta dans la salle de la commune pour signer le procès-verbal de tout ce qui venait de se passer. On fut d'avis que j'écrivisse au président de l'Assemblée nationale. Ma lettre, lue dès le lendemain, fut renvoyée à un comité qui, dans la même journée, par l'organe de M. de Lacépède, proposa un décret qui fut adopté à l'instant et, dont la principale disposition était de recommander aux corps administratifs, municipalités et gardes nationales de tous les lieux où Méchain et moi croirions devoir étendre nos opérations, de veiller à ce qu'il ne nous fût apporté aucun obstacle, et de maintenir le libre transport de tous les instruments que nous croirions devoir employer. Ce décret me fut apporté le 9 à Saint-Denis, où je me tenais caché depuis l'aventure du 6.

XI. — Delambre délivré par un décret de l'Assemblée nationale

Ainsi l'éclat même qu'on avait donné à notre arrestation nous devint extrêmement utile. Le décret rendu sur mes réclamations était pour nous un secours tout autrement efficace que les nouveaux passeports demandés au Ministère. C'était un devoir pour moi de poursuivre sans relâche les opérations commencées : je m'y livrai avec une nouvelle ardeur ; mais les pluies et les brouillards survinrent et nous désolèrent le reste de septembre et pendant la plus grande partie d'octobre. A Saint-Martin-du-Tertre, il nous fut absolument impossible d'apercevoir les Invalides, quoique des Invalides on eût cru reconnaître tous les points dont nous avions besoin.

Comme on n'avait dans cette recherche aucun instrument propre à mesurer les angles, on avait probablement pris pour le clocher de Saint-Martin-du-Tertre quelque autre objet à peu près semblable et à peu près dans la même direction ; car, ayant calculé les angles que doivent faire à Saint-Martin les directions sur Dammartin, sur le Panthéon et sur les Invalides, nous vîmes une éminence qui devait nous cacher les Invalides.

Mais le Panthéon était bien visible, et nous l'observâmes. Ce nouveau changement nous força de recommencer les stations de Dammartin et de Belle-Assise ; de là nous passâmes à celles de Montlhéry et de Torfou, qui furent très pénibles. Le clocher de Mespuy était devenu invisible de Malvoisine, quoique je l'eusse fait exhausser d'une pyramide de 8 à 10 pieds. Je choisis celui de Forêt-Sainte-Croix, à deux lieues d'Etampes; mais il fallait s'assurer de la possibilité d'y observer tous les points environnants. L'état de l'atmosphère était peu favorable à ces recherches. Par un temps très froid et superbe en apparence, je passai dix jours dans ce clocher sans rien voir; à la fin, une pluie abondante vint nettoyer l'atmosphère, et la station fut heureusement terminée peu de jours après. Nous étions au 17 décembre : il était temps d'interrompre des observations qui sont presque impraticables dans une saison si avancée; mais la cheminée de Malvoisine, que nous avions fait élever de 6 pieds, ne pouvait résister aux vents impétueux qui, sur cette hauteur, sont si fréquents pendant l'hiver. Il importait de rendre au plus tôt ce signal inutile, afin d'éviter que le vent ne le renversât sur les habitants de la ferme, qui s'étaient prêtés avec beaucoup de complaisance à tout ce que nous leur avions demandé. Pour y parvenir, il fallait encore faire la station de Chapelle-la-Reine. Ce clocher, ouvert de tous les côtés, était un observatoire bien incommode pour la saison : les vents, la pluie et la neige se succédaient pour nous désoler, et nous avions à observer un clocher qui était invisible tout le jour, même quand l'horizon était superbe. Enfin le 31 décembre, après avoir observé pendant toute la journée un objet assez équivoque qui se trouvait, à quatre minutes près, dans la direction du clocher de Boiscommun, à l'instant où le soleil quittait l'horizon, nous vîmes ce clocher y monter subitement et s'y montrer comme un fil extrêmement délié. Nous l'observâmes comme nous pûmes, à la hâte, pendant le crépuscule. Nous le guettâmes inutilement les cinq jours suivants : il reparut le 6 janvier, toujours à la même heure et pendant aussi peu de temps.

Nous le revîmes l'année suivante, à peu près dans la même saison, pour répéter ces observations, après avoir pris la précaution de faire couvrir de toile une des faces du clocher de Boiscommun, qui, par le haut, est une simple lanterne toute à jour. Le clocher ne fut visible de même que le soir. Cet effet des réfractions terrestres, qui, à différents temps ou à différentes heures du même jour, et, suivant les variations atmosphériques, élève plus ou moins le même objet, le cache ou le rend visible, est singulièrement curieux, et nous l'avons observé plus d'une fois. A Bourges, dans les plus beaux jours d'été, je cherchais inutilement la tour d'Issoudun, qu'on avait observée en 1740. Quelques arbres, que je voyais dans la direction de cette tour, m'ôtaient toute espérance; j'essayai de la chercher le soir, et je la vis ainsi deux fois au coucher du soleil. A Boiscommun, le clocher de Chapelle-la-Reine se montra un matin, par un brouillard humide, plus haut et plus gros qu'un arbre qui se voyait en même temps dans la lunette, et qui, à l'ordinaire, paraissait deux fois plus haut que la partie visible du clocher. C'est ainsi que, des côtes de Gênes et de Provence, on voit quelquefois les montagnes de Corse s'élever au-dessus de l'horizon sensible, comme si elles sortaient de l'eau, et disparaître ensuite, comme si elles se plongeaient dans la mer.

J'étais pressé de rentrer à Paris pour la station du Panthéon, parce quelle exigeait deux signaux qui ne pouvaient subsister longtemps, c'est-à-dire le clocher de Dammartin et la cheminée de Malvoisine. Je fus fort surpris à mon arrivée de ne plus voir la lanterne qui terminait le dôme. C'était là le changement qui m'avait été annoncé en termes vagues par M. de La Rochefoucauld. Ce contre temps causa de nouveaux retards : il fallut faire construire en charpente un observatoire temporaire qui remplaçât la lanterne, dont la partie supérieure avait été abattue. Nous eûmes, en cette occasion, à nous louer beaucoup de l'obligeance de M. Quatremère de Quinci, ordonnateur des travaux du Panthéon, et maintenant membre de l'Institut. Avec son agrément et par les soins de Rondelet, nous eûmes, en peu de temps, un observatoire solide et commode. Ce secours nous était indispensable pour nous garantir un peu des vents, aussi froids qu'impétueux, qui, dans cette saison, soufflent presque constamment à une si grande hauteur, et qui nuiraient sensiblement à la justesse des observations, en inquiétant continuellement l'observateur pour sa sûreté personnelle et celle de ses instruments.

Je regrettais que ce petit observatoire, qui nous avait été si utile, ne dût pas avoir une existence plus durable. Je demandai à M. Rondelet si, sans nuire à la solidité ni à la décoration de ce qu'on allait construire en remplacement de la lanterne, il ne serait pas possible de ménager dans la partie la plus élevée un petit observatoire ouvert de huit fenêtres, par lesquelles on pourrait observer tout ce que les environs de Paris offrent de plus remarquable dans un rayon de dix lieues : une station si bien placée et si commode ne peut manquer d'être utile en un grand nombre d'occasions. Sur la réponse affirmative de M. Rondelet, je portait ma demande à M. Quatremère, qui l'accueillit aussitôt. Cet observatoire existe, et M. Tranchot, chargé, quelques années après, de commencer autour de Paris les opérations du cadastre, en a fait un fort bon usage.

XII. — Observations de Méchain en Espagne

Nos observations commencées au Panthéon, le 10 février, ne furent terminées que ie 28. Ainsi, en huit mois, sans avoir perdu volontairement un seul instant, nous n'avions pu terminer que quatorze stations, tandis que Méchain, en Espagne, favorisé par un plus beau ciel et ne rencontrant que les obstacles qui tiennent à la nature du travail, avait pu faire neufs stations en moins de deux mois. Il avait ensuite déterminé, avec tout le succès et l'agrément possible, la latitude de Montjouy et la direction des côtés de ses triangles par rapport à la méridienne.

Ces observations employèrent les mois de

Des miquelets vinrent l'enlever... (page 79)

décembre, janvier et février. Au commencement du mois de mars, Méchain détermina l'azimut du signal de Matas par les observations du soleil levant et du soleil couchant; le 7 et le 9, par les distances de l'étoile polaire à un réverbère placé sur le pic de las Agujas.

Dans les intervalles, il trouva encore le temps de suivre la marche de la comète de 1793, qu'il avait aperçue le 10 janvier, d'observer le solstice d'hiver de 1792, et diverses occultations d'étoiles, et enfin l'éclipse de lune du 25 février 1793.

Après avoir si heureusement terminé sa mission en Espagne, et, avant dereprendre le chemin des Pyrénées, où il avait deux stations à faire sur la frontière, Méchain paraît s'être occupé de son projet pour prolonger la méridienne jusqu'aux îles Baléares.

Il n'a laissé aucun renseignement bien précis sur ce plan, dont il a depuis exécuté, avec quelques changements avantageux, la partie qui s'étend de Barcelone à Tortose.

Une note de sa main m'apprend que, dès le mois de novembre 1792, M. Tranchot lui avait remis des angles observés au graphomètre sur la Sierra-Morella, à la Chapelle-Saint-Jean, au Montsia, dans la course qu'il avait faite jusqu'à Tortose, pour reconnaître les points qui devaient servir à la jonction de Mayorque à la côte de Catalogne; et, parmi les brouillons de ses observations, je trouve encore que, le 2 avril 1793, il avait pris seize distances de la plus haute des montagnes de Mayorque au zénith de Montjouy. Après cette observation, on voit dans ses manuscrits une lacune de cinq mois, occasionnée par un accident terrible dont les suites le retinrent deux mois au lit et le privèrent pendant un an de l'usage de son bras droit (1). Il fit pourtant, au solstice d'été de 1793, un effort pour observer l'obliquité de l'écliptique; mais ce pénible essai lui prouva qu'il était hors d'état de reprendre la suite de ses travaux, et il alla prendre les eaux et les douches de Caldas. Le bonheur qui l'avait accompagné pendant neuf mois parut l'avoir abandonné pour toujours, et les quatre années qui suivirent son accident offrent une continuité de contre-temps, de traverses et de chagrins qui le rendirent extrêmement malheureux. Je n'ai connu dans toute mon opération aucun de ces excès ni de bonne ni de mauvaise fortune.

XIII. — Delambre dans le nord de la France

Dès le mois de mars, je voulais rentrer en campagne; il me fallait de nouveaux passeports, et je ne pouvais les obtenir. J'avais toujours pres-

(1) Voir les détails de cet accident, p. 153.

senti cette difficulté, et c'était avec une répugnance extrême que je m'étais vu forcé de rentrer à Paris pour une station qu'il n'était plus possible de différer. Le Ministre de l'Intérieur consentit avec beaucoup de peine à me donner une lettre de recommandation pour la municipalité; il prévoyait sans doute qu'elle serait inutile. En effet, ma demande portée — c'était alors l'usage — à l'assemblée générale de la Commune, fut refusée d'une voix unanime. Pendant six semaines, je sollicitai inutilement : Chaumette, procureur de la Commune, consentit pourtant d'assez bonne grâce à reproduire ma pétition. Cousin, de l'Académie des Sciences, qui tenait à la Commune comme membre du comité des subsistances, se trouva, par hasard, à l'assemblée ce jour-là, et dit quelques mots en ma faveur : les passeports furent accordés aussi unanimement qu'ils avaient été refusés d'abord. Le conseil exécutif provisoire me remit une nouvelle proclamation toute conforme à l'ancienne, à l'exception du préambule. Je ne pus obtenir ces différentes pièces que le 3 mai à midi : je partis le même jour à deux heures pour Dunkerque.

Cette obligation d'avoir des passeports, qu'il fallait montrer à chaque pas, était une des choses les plus contraires à la célérité de nos opérations : elle rendait plus difficile la communication d'une station à l'autre; elle nous forçait à être plus réservés sur les courses, que nous n'osions plus hasarder, à moins qu'elles ne fussent de la plus indispensable nécessité; elle attirait sur nous la méfiance, en nous soumettant aux recherches de tous les postes armés, et nous mettait dans la nécessité d'obtenir l'agrément, non seulement des magistrats ou des citoyens au milieu desquels nous devions opérer, mais aussi de tous ceux que nous rencontrions sur la route. Outre mes passeports, j'avais pris, cette fois, une lettre de recommandations pour le général en chef de l'armée du nord, parce que le théâtre de la guerre n'était pas fort éloigné de celui de mes opérations.

Nous avions une petite armée à pied à Mont-Cassel ; les avant-postes ennemis étaient près de la montagne des Chats, où j'avais une station, à laquelle je fus obligé de renoncer. En substituant Cassel, Watten et Fiefs au moulin des Chats, à Hondschote et Belle-Zèle, j'évitai les deux armées et n'eus pas besoin d'importuner le général, avec lequel je me trouvai pourtant un jour logé à Béthune. C'était Custine, qui commandait alors l'armée du nord.

Cette campagne fut très heureuse. J'observai à Dunkerque, dès le 18 mai ; les stations de Watten, Cassel, Fiefs, Béthune, Mesnil, Bonnières, Sauti, Beauquêne, Mailli, Vignacourt, Amiens, Villers-Bretonneux, Bayonvillers, Sourdon, Arvillers, Noyers, Coivrel, et la partie qui restait de celle de Jonquières, étaient terminées le 6 octobre. Nous trouvions partout des signaux tout prêts dans les clochers dont tout le pays était si bien garni. Il est vrai que cet avantage est acheté par quelques inconvénients; la nécessité de s'échafauder, la difficulté de se placer convenablement dans des flèches étroites, embarrassées de charpentes; tout cela prend au moins autant de temps que la recherche des stations et la construction des signaux dans les pays montueux. Nos cercles étaient de dimensions commodes pour entrer dans les clochers; mais leur construction a pourtant, en certains cas, un désavantage, quand on les compare aux quarts de cercles. Dans ces derniers instruments, l'intersection des deux axes optiques se fait en avant du pied; c'est là qu'est véritablement le centre. On peut le placer dans les fenêtres ou les ouvertures des clochers; à défaut d'ouvertures naturelles, il suffit d'ôter une ou deux ardoises, et l'on peut observer les plus grands angles. Dans les cercles, au contraire, l'intersection se fait au centre de l'instrument; ce centre est toujours à une distance du toit ou du mur égale à la moitié de la longueur de la lunette : la divergence est considérable; ce n'est plus assez d'une seule ouverture, il en faut autant qu'on a d'objets à observer. Ajoutez la difficulté de lire les alidades faiblement ou obliquement éclairées, celle de trouver le centre de la station, la position souvent très gênée de l'observateur, et parfois l'impossibilité de faire pour lui et pour son instrument deux échafauds assez indépendants l'un de l'autre pour que les mouvements du premier ne se communiquent pas au second. Tant d'inconvénients, sans parler encore des erreurs auxquelles expose très souvent l'observation des flèches très aigües, me faisaient préférer les signaux, malgré plusieurs avantages qu'on trouve dans les clochers, tel que celui d'être au milieu d'un endroit habité et d'offrir un abri contre la pluie et les grands vents; encore, combien avons-nous trouvé de clochers, où ce dernier avantage était nul! comme ceux de Dammar-Fortou, Chapelle, Pithiviers, Châteauneuf, Orléans; mais aussi tout se réunit pour la sûreté et la facilité, quand la tour finit par une plate-forme où l'on peut placer un signal, comme à Dunkerque, Watten et Béthune.

Cette partie septentrionale de l'arc fut la plus agréable de toutes à mesurer, et cependant tout n'y fut pas heureux. Généralement tous les centres de stations furent les mêmes qu'en 1740; il en faut pourtant excepter Watten, où nous mîmes notre signal sur un petit clocher, au lieu de prendre le milieu de la tour; le signal du Mesnil, que je fus obligé de substituer à celui de Rébreuve, et le clocher de Noyers, rebâti depuis 1740 à six toises de distance de l'ancien. Villers-Bretonneux ne se voyait plus de Beauquène, quoique de Villers-Bretonneux Beauquène se vît parfaitement ; ce qui peut s'expliquer par les réfractions terrestres. Forcé de conclure deux angles qui avaient leurs sommets à ce point, pour vérification, je ne pus trouver que des triangles d'une disposition assez peu avantageuse. A la vérité, les clochers sont en grand nombre, mais les arbres dont ils sont presque tous entourés ne laissent pas toujours la liberté du choix.

XIV. Delambre opère au sud de Paris

Mes triangles formaient alors une chaîne continue depuis Dunkerque, jusqu'à Chapelle-la-Reine, quatre lieues par-delà Fontainebleau. En passant par Paris pour me rendre à Pithiviers, qui devait être ma première station, j'allai visiter l'ancienne base de Villejuif et Juvisi. Là, je fus bientôt convaincu de l'impossibilité de mesurer plus de 5,000 toises et de la difficulté de lier cette base aux triangles principaux. M. Jollivet, maintenant conseiller d'Etat, me parla de la route de Lieursaint à Melun : j'allai la visiter avec lui. Nous reconnûmes aisément que l'on pouvait sans peine mesurer 6,000 toises, qu'il ne serait pas même impossible d'en mesurer dix à onze mille. La liaison avec les triangles voisins était très facile ; seulement les arbres de la route et les maisons de Lieursaint auraient exigé, pour la base de onze mille toises, des signaux trop incommodes et trop dispendieux. Sans rien décider sur la longueur, mon choix fut dès lors arrêté, et cette base me parut de tout point préférable à celle de Juvisi.

A Pithiviers et Boiscommun, je commençai à me trouver fort embarrassé. Le clocher de la Cour-Dieu, dont on s'était servi en 1740, et qui aujourd'hui doit être abattu, subsistait encore; mais il était de tous côtés enseveli dans les arbres de la forêt. Pour le remplacer, il fallait un point assez élevé pour être aperçu à la fois de Pithiviers, Boiscommun, Châteauneuf et Orléans. Je fis pour le trouver bien des courses infructueuses dans le pays compris entre Pithiviers, Boiscommun, Orléans et Sully, sur la Loire. Après bien des tentatives, je me décidai à faire construire un signal de 64 pieds de hauteur dans l'endroit qui se nomme le haut de Châtillon. Ce signal avait 20 pieds de base; le quatrième étage qui nous servait d'observatoire, était un carré de 6 pieds 1/2 de côté. Pour nous mettre à l'abri du vent et de la neige, nous avions fait garnir de planches les quatre côtés de cet étage, qui était de plus surmonté d'une pyramide semblable à nos signaux ordinaires. Le vent, qui avait moins de prise sur nous, en avait d'autant plus sur le signal qui lui présentait une surface considérable. Le charpentier, que nous n'avions pu surveiller, n'avait pas rempli toutes les conditions de son marché; il avait surtout négligé ce qui devait assurer la solidité. Le moindre vent agitait toute la machine, de manière, non seulement à rendre les observations moins sûres, mais à inquiéter les observateurs; aussi avions-nous grand soin de n'y monter que par un temps calme, et d'en descendre bien vite, si le vent s'élevait: mais il fallait aussi descendre l'instrument, et cette opération demandait encore un quart d'heure. Les jours étaient courts, la terre était couverte de neige, le froid rigoureux; la station fut pénible : elle avait commencé le 12 nivôse, an II, et dura jusqu'au 21. Ce n'était pas tout encore que d'avoir fini à Châtillon : il fallait, pour rendre inutile ce signal qui ne pouvait durer, et qu'en effet un ouragan renversa peu de temps après, se hâter de l'observer de toutes les stations circonvoisines. Il avait manqué de nous être funeste de plus d'une manière : il était chaque jour l'objet d'une dénonciation dans quelque société populaire, et il avait été l'occasion des bruits les plus ridicules, que la malveillance ou la frayeur avaient fait courir sur notre compte; enfin c'est à ce signal que je reçus une nouvelle à laquelle j'étais bien loin de m'attendre.

XV. — Delambre révoqué

Six mois auparavant (8 août 1793), l'Académie des sciences avait été supprimée; la commission qu'elle avait nommée pour les diverses opérations relatives aux nouvelles mesures, avait été conservée pour un temps (par un décret du 11 septembre 1793). On voulait toujours l'établissement du nouveau système métrique; mais on s'ennuyait de la longueur de l'opération fondamentale. On avait décrété un mètre provisoire; on songeait à le rendre définitif; du moins c'est la seule manière dont je puisse expliquer l'arrêté dont je vais parler. Une lettre du président de la commission temporaire des poids et mesures, en date du 9 nivôse, m'apprenait qu'un arrêté du 3 venait de supprimer six membres, au nombre desquels je me trouvais compris, et que je devais en conséquence cesser mes opérations, mettre en ordre mes mémoires et mes calculs, ainsi que la note de mes instruments et de mes dépenses.

Dans ma réponse, j'exposai l'état où j'avais amené l'opération qui m'avait été confiée, et je donnai les raisons pour lesquelles il était à désirer qu'on me laissât achever les stations de Châtillon et de Pithiviers, et commencer celles d'Orléans et de Châteauneuf. Pour ne pas s'exposer à perdre tout le fruit d'un travail de trois mois et les dépenses qu'il avait occasionnées, il fallait conduire les triangles jusqu'à deux clochers qu'on pût retrouver en tout temps, et je recommandai la précaution d'en faire assurer la durée par un arrêté du Comité du Salut public; quant à mes registres, je demandai deux ou trois mois pour les mettre en ordre et achever tous mes calculs. En attendant la permission que je demandais, je me hâtai à tout hasard d'exécuter ce que je proposais.

Un des membres de la commission fut chargé vers le même temps de visiter les canaux du Loing, de Briare et d'Orléans. J'étais bien curieux de connaître l'arrêté qu'il m'apportait; mais il avait toujours quelque prétexte honnête et obligeant pour éluder ma demande. Quelques moments après son départ, on me remit enfin un paquet cacheté qui renfermait les deux pièces qu'on va lire. Voici d'abord la lettre officielle par laquelle on acceptait mes offres.

8 nivôse, an II.

« Citoyen,

» La commission des poids et mesures a chargé
» l'un de ses membres de se rendre auprès de toi
» pour te remettre l'arrêté du Comité du Salut
» public qui te concerne, et pour concerter avec

» toi les moyens de clore tes opérations, de » manière que les signaux ne restent pas inutiles; » elle t'invite à terminer la rédaction de tes cal- » culs et la copie de tes observations, ainsi que » tu le proposes. »

Cette lettre que je copie fidèlement, ne contenait rien qui ne fût absolument nécessaire; c'était le style du temps. La commission n'était plus, comme autrefois, uniquement composée de mes confrères et de mes amis : elle faisait pourtant encore pour moi tout ce qui était en son pouvoir. Par l'envoi d'un de ses membres, elle me donnait, même en exécutant l'arrêté qui me destituait, le moyen de conduire mes triangles aux deux points qui devaient assurer tout le travail. Mes registres me restaient, et je pouvais en faire des copies : ces réflexions me consolaient un peu. Voici l'arrêté :

EXTRAIT DES REGISTRE DU COMITÉ DU SALUT PUBLIC DE LA CONVENTION NATIONALE.

Du troisième jour de nivôse, l'an deuxième de la République française, une et indivisible.

« Le Comité du Salut public, considérant com- » bien il importe à l'amélioration de l'esprit » public que ceux qui sont chargés du gouverne- » ment ne délèguent de fonction ni ne donnent » de mission qu'à des hommes dignes de con- » fiance par leurs vertus républicaines et leur

» haine pour les rois; après s'en être concerté » avec les membres du Comité d'instruction » publique, occupés spécialement de l'opération » des poids et mesures, arrête que Borda, Lavoi- » sier, Laplace, Coulomb, Brisson et Delambre, » cesseront, à compter de ce jour, d'être membres » de la commission des poids et mesures, et re- » mettront de suite, avec inventaire, aux mem- » bres restants les instruments, calculs, notes, » mémoires, et généralement tout ce qui est entre » leurs mains relatif à l'opération des mesures. » Arrête, en outre, que les membres restants à la » commission des poids et mesures, feront con- » naître au plus tôt au Comité du Salut public » quels sont les *hommes dont elle a un besoin* » *indispensable* pour la continuation de ses tra- » vaux et qu'elle fera part en même temps de ses » vues sur les moyens de *donner le plus tôt pos-* » *sible l'usage des nouvelles mesures à tous les* » *citoyens, en profitant de l'impulsion révolu-* » *tionnaire.*

» Le ministre de l'Intérieur tiendra la main à l'exécution du présent arrêté.

« *Signé au registre* : B. Barère, Robespierre, Billaud-Varennes, Couthon, Collot-d'Herbois, etc. »

Il est évident que les premières lignes de cet arrêté ne contiennent que de vains prétextes. En me confiant une opération aussi difficile que l'avait été la mesure de la méridienne dans des temps si orageux, sans doute on ne demandait pas que je quittasse mes clochers et mes signaux pour aller dans les clubs faire parade de sentiments républicains et de haine pour les rois; ce n'eût pas été le moyen d'accélérer un travail dont on se plaignait d'être obligé d'attendre si longtemps le résultat. En destituant un grand nombre de ceux qui s'y étaient consacrés tout entiers et principalement Borda, qui en avait fait le plan et créé tous les moyens d'exécution, il était visible qu'on voulait changer ce plan, ou du moins le simplifier beaucoup, et, dans cette vue, on ne voulait dans la commission que les personnes dont on avait *un besoin indispensable*. On désirait aussi profiter de l'impulsion révolutionnaire, et cette idée était fort bonne; mais il n'était peut-être pas impossible de parvenir aux mêmes fins par d'autres voies.

Je terminai les observations à Orléans, le 5 pluviose, an 2, et j'étais à Paris, le 12. Je trouvai en arrivant que le comité révolutionnaire de ma section avait mis le scellé chez moi, par forme de précautions : j'en obtins la levée, en fournissant la preuve de la mission que j'avais remplie, et en produisant les certificats des municipalités de tous les lieux où j'avais successivement séjourné depuis ma dernière sortie de Paris. On peut juger seulement que je ne montrai pas l'arrêté qu'on vient de lire; je laissai croire, sans le dire formellement, que ma mission continuait. Mes commissaires examinèrent tous mes papiers avec le plus grand scrupule. Je n'eus qu'à me louer d'eux; ils consentirent même à me laisser plusieurs diplômes académiques, qui pourtant paraissaient les inquiéter, et surtout celui de la Société royale de Londres, qui était en latin et où ils reconnaissaient le nom et ler armes du roi Georges. C'était de leur part une grande condescendance pour un homme qu'ils croyaient en correspondance avec plusieurs rois.

XVI. — Patriotisme de Méchain. — Il reprend ses opérations en Espagne, ou il est ensuite retenu captif

Depuis longtemps, on n'avait reçu des nouvelles de Méchain; nous en verrons bientôt la raison. On répandait le bruit qu'il ne voulait plus rentrer en France, et c'est à cette circonstance peut-être qu'il a dû de n'être pas compris dans la suppression par laquelle on avait, disait-on, épuré la commission des poids et mesures. On craignait sans doute de lui fournir un prétexte pour se fixer en pays étranger avec ses instruments et ce qui pouvait lui rester de fonds pour la méridienne. On lui a réellement fait en divers temps des offres avantageuses, qui, venant après la suppression des académies et le renversement de toutes ses espérances, auraient pu le tenter; mais il était trop attaché à ses devoirs pour rien écouter avant d'avoir rempli tous les engagements qu'il avait contractés en se chargeant de la mesure de la méridienne.

Aussitôt après la saison des eaux, et quoiqu'elles ne lui eussent pas rendu l'usage du bras droit, qu'il n'a entièrement recouvré que deux ans après son accident, il se rapprocha des Pyrénées pour y faire les stations de Puy-Camellas et de Puy de la Estella, par lesquelles il devait opérer la jonction des triangles espagnols aux triangles français.

En 1792, on lui avait conseillé de remettre ces stations à des temps plus tranquilles. Ces temps n'étaient point arrivés; la guerre était même ouvertement déclarée. Cette partie de sa mission était donc plus difficile que jamais. Pour ces deux stations, il avait besoin de deux signaux, l'un sur Forceral, l'autre sur Bugarach. Ces deux montagnes sont sur le territoire français. Heureusement, Méchain était également connu et estimé de l'administration départementale de Perpignan et du général espagnol; il en obtint toutes les facilités que permettaient les circonstances. Avec l'aide de M. Bueno, capitaine du génie militaire, et l'un des deux commissaires espagnols qui devaient l'accompagner partout, il fit lui-même la station de Camellas en septembre et octobre 1793, c'est-à-dire dans les premiers jours de l'an 2. Son adjoint Tranchot, d'une meilleure santé et d'un caractère plus hardi, plus entreprenant, se chargea de la station de Estella. Des miquelets vinrent l'enlever et le conduisirent garrotté à la ville voisine, d'où il fut envoyé d'une manière un peu plus convenable à Perpignan.

Le président du département lui donna les moyens de retourner à Estella et ensuite en Espagne, après qu'il eut placé les signaux de Forceral et de Bugarach. Les deux stations de Camellas et de Estella furent terminées le même jour, 13 frimaire an 2 (3 novembre 1793), celle-ci par Tranchot, celle-là par Méchain.

« Il ne restait plus qu'à mesurer les angles à Perpignan, à Forceral et Bugarach : la jonction était complète. Je comptais (c'est Méchain qui parle) la terminer dans le courant de novembre, et me rendre à Evaux pour y observer pendant l'hiver les distances des étoiles au zénith... on était bien éloigné de soupçonner qu'on ne pourrait aller sous peu de jours aux stations sur le territoire de France; mais si nous obtenons la liberté de passer dans le courant du mois prochain, tout sera réparé en mars (1794), et, pourvu qu'on nous accueille en France, nous arriverons encore à Evaux ou Sermur, et même plus près de Bourges, dans le courant de juillet... et cette grande opération se trouverait terminée en deux années, après tous mes retards et mes accidents »

C'est ainsi que Méchain s'exprimait dans une lettre datée de Barcelone le 21 nivôse, an 2. On y voit qu'on lui avait refusé la permission de rentrer en France, et qu'il ne désespérait pas encore de l'obtenir en pluviose; mais le général espagnol la refusa constamment, et sa raison était que les connaissances acquises par Méchain et ses adjoints pendant leur séjour aux diverses stations des Pyrénées, pourraient devenir préjudiciables à l'Espagne. Il voulut donc que Méchain fût retenu jusqu'à la paix, mais il lui laissait le choix du lieu qu'il voulait habiter. Méchain choisit Barcelone, pour se rapprocher autant qu'il le pourrait du fort de Mont-Jouy, dont l'entrée ne lui était plus permise, et où il avait, l'année précédente, observé la hauteur du pôle avec tant de succès.

Pour rendre sa détention utile, sinon à sa mission principale, du moins à l'astronomie, il se mit à observer avec soin la hauteur solsticiale du soleil, pour en déduire l'obliquité de l'écliptique: comme il avait besoin pour cela de la latitude de son nouvel observatoire, il y répéta toutes les observations qu'il avait faites à Montjouy, et, pour les comparer les unes aux autres, il détermina trigonométriquement la différence de latitude entre le centre de la tour de Mont-Jouy et le point qu'il venait d'observer à Barcelone.

Tous ces détails sont tirés de la lettre dont on a vu ci-dessus un fragment, et qu'il adressait à

En s'accrochant aux buis, aux broussailles... (page 99)

Borda, qu'il croyait encore président de la commission; il lui donnait, en outre, la carte de tous ses triangles en Espagne, avec le tableau de tous les angles qu'il avait observés, et tout ce qu'il avait fait pour l'altitude de Mont-Jouy.

L'arrêté du 3 nivôse, qui nous destituait, nous ordonnait de remettre à la commission tous nos mémoires, notes ou calculs. Borda se crut obligé de rendre aussi cette lettre; mais, avant de s'en dessaisir, il désira que j'en prisse copie, et j'ai regretté longtemps de n'avoir pas gardé la lettre même : mais cette perte est plus que réparée par les registres originaux et les copies au net qui m'ont été remis par madame Méchain ou par Méchain lui-même, à son départ pour l'Espagne en 1802. Malheureusement ces registres ne contiennent que les observations et les calculs; dans le plus bel ordre, à la vérité, mais sans le moindre avertissement, sans la plus petite note historique. Pour tout ce qui concerne Méchain, je n'ai, pour me guider, que mes souvenirs, les dates des observations et un assez grand nombre de lettres qu'il m'a écrites; mais notre correspondance n'a commencé qu'après sa rentrée en France, et M. Tranchot, qui pourrait me fournir des renseignements curieux et utiles, est maintenant occupé, loin de Paris, à lever la carte des quatre départements de la rive gauche du Rhin.

XVII. — Méchain passe en Italie

La vie que Méchain menait en Espagne était extrêmement triste, depuis que sa mission terminée ne lui fournissait plus de distractions assez puissantes pour l'empêcher de se livrer aux inquiétudes que lui causaient sa femme et ses enfants, dont les lettres ne lui parvenaient que tard et à de longs intervalles. Ce que les journaux pouvaient lui apprendre des scènes sanglantes qui se passaient à Paris, augmentaient encore ses alarmes. Ce qui lui restait des fonds qu'il avait obtenus pour ses opérations, demeuré entre les mains des banquiers espagnols, était séquestré comme propriété française; il n'avait pour perspective qu'une captivité qui paraissait devoir durer autant que la guerre. Telle était sa situation lorsque le comte Ricardos mourut. Celui qui le remplaça dans le gouvernement de Catalogne se montra moins difficile. Méchain demanda des passeports pour l'Italie, n'espérant pas en obtenir pour la France · ils lui furent accordés. Vers le même temps, madame Méchain parvint à lui faire passer quelques secours en argent. Il s'embarqua pour l'Italie, aborda à Livourne avec beaucoup de peine, et se rendit à Gènes dans les premiers jours de l'an 3.

XVIII. — Delambre et Méchain attachés au service géodésique du dépôt de la Guerre

En France, on ne paraissait pas fort empressé de lui voir reprendre ses opérations, on ne songeait qu'à me donner un successeur : la commission temporaire des poids et mesures ne s'occupait guère que des détails administratifs pour l'établissement du nouveau système métrique. Un de ses membres faisait paraître une instruction où toutes les parties de ce système étaient expliquées avec une netteté propre à en faire saisir parfaitement l'esprit et sentir tous les avantages. C'est à cela que se bornèrent les travaux de la commission temporaire, qui même cessa bientôt de s'assembler. La mesure de la méridienne surtout paraissait abandonnée. Le général Calon, membre de la Convention et directeur du dépôt de la guerre, conçut l'idée d'une opération géodésique qui devait servir de fondement à une carte des nouveaux départements de la France, qu'il voulait faire placer en continuation de la carte de Cassini, et sur la même échelle. Il nous engagea, Méchain et moi, à nous charger des triangles principaux, en attendant que nous pussions continuer ceux de la méridienne. Il voulait attacher au dépôt tous les savants dont les travaux pouvaient avancer la géographie, et que la suppression des académies avait dispersés : il écrivit à Méchain, me fit chercher, et nous donna le titre d'astronomes du dépôt de la Guerre. Il désirait que les opérations trigonométriques commençassent au printemps de l'an 3. Nous obtîmmes de lui de reprendre d'abord nos triangles interrompus aux Pyrénées et à la Loire : dans cette vue, il sollicita pour nous un arrêté du Comité du Salut public, et c'est lui, tant qu'il fut à la tête du dépôt général de la Guerre, qui nous procura les fonds et tous les secours nécessaires.

XIX. — Nouvelle commission pour l'établissement du système métrique

La loi du 18 germinal, an 3, rendue sur le rapport de C. A. Prieur, vint bientôt après ranimer toutes les parties de l'entreprise; elle apporta quelques modifications au plan de l'Académie des sciences, à la loi du 31 mars 1791, et changea presque entièrement la nomenclature des mesures et des poids.

Cette partie, qui paraîtrait la plus simple et la plus facile de tout le nouveau système, était, au contraire, celle qui devait éprouver le plus de critiques. L'Académie l'avait bien prévu; mais, forcée à plusieurs époques de s'occuper de ce travail, elle avait proposé deux nomenclatures différentes : l'une, dans laquelle on donnait aux subdivisions des mesures des noms composés qui indiquaient le rapport décimal qu'elles avaient entre elles; et l'autre, dont les noms étaient simples, monosyllabiques et indépendants les uns des autres. La commission temporaire en avait fait une troisième. Un arrêté du 18 brumaire a depuis permis d'employer, au lieu des noms systématiques, des mots plus courts et plus familiers.

Chacune de ces nomenclatures a ses inconvénients et ses avantages. Ce qui a pu nuire à celle de la dernière loi, c'est la longueur des noms, ce sont les rimes fréquentes, qui souvent importunent l'oreille, c'est l'affectation maladroit d'énoncer les sous-divisions de différents ordre, de dire par exemple, 57 mètres 4 décimètres 8 centimètres, au lieu de 57 mètres 48 centimètres, ou même 57 mètres 48; mais l'usage rendra ces invénients moins sensibles, ou fera trouver des moyens pour les éviter. Quant au reproche de barbarie qu'on a fait à plusieurs de ces mots, il n'est pas d'une grande importance.

L'article 10 de l'arrêté du 18 brumaire porte que « les opérations relatives à la détermination de » l'unité des mesures de longueur et de poids » déduites de la grandeur de la terre, commen- » cées par l'Académie des sciences et suivies par » la commission temporaire, seront continuées » jusqu'à leur entier achèvement par les com- » missaires particuliers, choisis principalement

» parmi les savants qui y ont concouru jusqu'à » présent, et dont la liste sera arrêtée par le » comité d'Instruction publique. » Le reste ne contient que des dispositions administratives.

En exécution de cet article; le comité d'Instruction publique, par un arrêté du 28 germinal, nomma les douze commissaires suivants :

Berthollet, Borda, Brisson, Coulomb, Delambre, Haüy, Lagrange, Laplace, Méchain, Monge, Prony, Vandermonde.

Ces commissaires réunis au lieu des séances du comité d'Instruction publique, le 21 floreal, convinrent des articles suivants :

Art. 1er. — Il sera procédé sans délai à la fabrication d'un mètre en cuivre de la plus grande exactitude possible, et qui sera remis au comité d'Instruction, pour pouvoir servir d'étalon provisoire et légal.

Art. 2. — Les citoyens Borda et Brisson sont nommés commissaires particuliers pour diriger et surveiller la fabrication de cet étalon provisoire. Ils feront en sorte que sa confection soit achevée dans une décade. Ils présenteront le résultat avec un procès-verbal de la vérification qu'ils en auront faite, aux autres commissaires pour les poids et mesures, qui seront convoqués à cet effet, et qui remettront au comité d'Instruction publique l'étalon accompagné du procès-verbal et des calculs nécessaires, après les avoir evêtus de leurs signatures.

Art. 3. — Les citoyens Méchain et Delambre sont les commissaires chargés spécialement de la mesure des angles, des observations astronomiques et de la mesure des bases dépendantes de la méridienne.

Art. 4. — Les citoyens Delambre Laplace et Prony iront incessamment déterminer sur les lieux l'emplacement le plus convenable pour la base près Paris, et en indiqueront les extrémités; ils feront en outre le projet des édifices à construire à chacune de ces extrémités. Ils présenteront le résultat de tout à l'assemblée des commissaires réunis, qui statuera sur ce qui sera le mieux à faire.

Le comité d'instruction sera invité à ordonner sans délai la construction des édifices des extrémités de la base, d'après les plans qui auront été adoptés.

Art. 5. — Le citoyen Delambre partira le plus tôt possible pour la continuation de la détermination des triangles, en allant vers le midi.

Le citoyen Méchain fera les mêmes opérations en partant des Pyrénées, et venant à la rencontre du citoyen Delambre.

Cependant le citoyen Méchain se rendra préalablement à Paris, et ce ne sera qu'après avoir conféré avec lui que l'assemblée des commissaires réunis prendra un parti définitif, relativement aux observations de la hauteur du pôle et à la mesure des bases. Ce sera alors que l'Assemblée pourra informer le comité d'Instruction publique de la durée probable de ces opérations, ainsi que de ce qui sera le plus propre à les rendre plus parfaites.

Art. 6. — Les commissaires chargés de la détermination de l'étalon des poids seront les citoyens Borda, Haüy et Prony. Ils y emploieront la méthode la plus susceptible d'exactitude. Néanmoins ils feront fabriquer, sous le délai de deux ou trois mois, un poids pour servir d'étalon provisoire, et avec une précision suffisante. Ce poids, ainsi que le procès-verbal de vérification et les calculs de sa détermination, sera remis au comité d'Instruction publique, après avoir été adopté par l'assemblée des commissaires qui se trouveront alors à Paris.

Art. 7. — Enfin, les citoyens Berthollet, Monge et Vandermonde dirigeront le travail du platine pour former non seulement l'étalon du mètre de la République, mais encore d'autres étalons d'une similitude parfaite, que l'on pourra envoyer, soit aux compagnies savantes, soit aux divers gouvernements du monde policé.

Art. 8. — Les divers commissariats désignés par les articles précédents se hâteront de proposer à l'assemblée générale des commissaires leurs vues générales sur les différentes branches de travail qu'ils ont à suivre, afin que l'assemblée puisse bientôt fixer ce qu'il est important d'arrêter concernant les dites opérations. Les commissariats feront d'ailleurs leurs dispositions particulières et se pourvoieront des objets dont ils auront besoin, conformément à l'arrêté du 18 du comité d'Instruction.

XX. — Delambre et Méchain reprennent leurs opérations

Pendant qu'on faisait avec toute la célérité possible les préparatifs nécessaires pour la reprise des opérations géodésiques, nous allâmes, comme nous en étions convenus par l'article 14, visiter le chemin de Lieursaint à Melun. Dans cette course, il fut décidé, que l'on se bornerait pour la base à une longueur de 6,000 toises environ, depuis la sortie de Lieursaint jusqu'à l'endroit où la route de Brie vient se réunir à celle de Paris.

Méchain ne put se rendre à Paris, comme il y était invité par l'article 5; il était encore à Marseille le 13 thermidor, et il s'embarqua pour Vendres, auprès de Perpignan, où il dut arriver dans le courant de fructidor, car, le 27 il observait à Forceral. Son premier soin fut de parcourir les stations entre les Pyrénées et Carcassonne, pour y faire placer les signaux. Il m'écrivait à cette occasion qu'il lui paraissait bien difficile, dans les circonstances, de se servir des réverbères, qui inquiéteraient et alarmeraient les habitants des campagnes. Il avait été contraint d'y renoncer en Catalogne; pour moi, je n'aurais jamais osé m'en servir en 1792 et 1793, et depuis je n'y pensai même plus.

J'étais parti pour Orléans le 10 messidor. Je désirais choisir d'abord mes stations et placer les signaux depuis la Loire jusqu'à Bourges, mais j'y trouvai trop de difficultés, et je me rendis directement dans cette dernière ville, afin de mettre à profit les beaux jours pour y observer les azimuts, comme je l'avais déjà fait à Watten. Je les commençai le 18 messidor, après 17 mois et demi d'interruption; ils m'occupèrent jusqu'à la fin du mois. Le mois suivant fut employé presque tout entier à la recherche des stations : j'eus beaucoup de peine à retrouver les vestiges des signaux de Méri et d'Ennordre, termes d'une base mesurée en 1740, et quand je les eus découverts, je fus obligé de me placer ailleurs. La montagne de Michavant n'était plus visible; il fallut la remplacer par celle de Morogues.

Ce triangle fut très difficile à former. Le signal d'Ennordre, vu de Morogues, se projetait sur des objets voisins, et devait être impossible à voir, excepté quand il serait fortement éclairé du soleil. Nous aperçûmes, dans la même direction à peu près, un objet qui ressemblait fort à notre signal. Nous observâmes ce prétendu signal trois jours de suite sans nous douter de la méprise. Arrivés à Ennordre, nous demeurâmes convaincus que Morogues et Ennordre étaient réciproquement invisibles : nous fûmes obligés de déplacer le signal d'Ennordre et de recommencer deux stations.

L'intervalle entre la Loire et Bourges est la partie de la méridienne qui a le plus exercé les académiciens en 1740. On voit dans leur ouvrage qu'ils furent obligé de le parcourir trois fois dans toute son étendue, avant de trouver une disposition de triangles qui pût les satisfaire. La chose était devenue bien autrement difficile par l'incendie du clocher de Salbris, dont la flèche s'élevait considérablement au-dessus de l'église; il n'en reste plus aujourd'hui qu'une tour écrasée, qu'on n'aperçoit d'aucune des stations circonvoisines. Il fallait le remplacer, et je ne voyais rien qui convînt. Ce n'est pas que les clochers manquent; il y en a même de très élevés, qu'on aperçoit de plus de 80,000 mètres : mais ils sont si mal placés qu'on n'en saurait tirer presque aucun parti. Les montagnes ne manquent pas non plus; mais elles sont presque toutes de la même hauteur, et toutes couvertes de bois, en sorte que partout l'horizon est très borné. Il eût fallu, pour de semblables recherches, avoir trois signaux qu'on pût monter et démonter à volonté, pour les transporter successivement à tous les sommets qui auraient donné quelque espérance. Je ne doute pas que, par ce moyen, on eût formé une suite bien plus belle de triangles; mais un pareil équipage eût été fort dispendieux, et les chemins, qui sont partout étroits et difficiles, excepté la grande route qui va de Bourges à Gien par Aubigni, auraient rendu les transports longs et coûteux. Nous n'avions que des assignats et ils commençaient à tomber dans un terrible discrédit : pour aller de Bourges au village le plus voisin de Méri, c'est-à-dire à 9,000 ou 10,000 toises, la poste nous prenait 1,500 francs; nos trois derniers signaux nous avaient coûté 8,000 francs; ceux que Méchain faisait placer dans le même temps à Tauch et à Forceral en coûtaient chacun 3,000, parce qu'ils étaient sur des hauteurs d'un accès difficile. Les fonds que j'avais emportés de Paris, étaient épuisés, et je restai un mois entier à Bourges, où je n'avais plus rien à faire, parce que je n'avais plus de quoi payer les chevaux qui devaient me mener à Dun-sur-Auron. Je n'avais nullement la faculté de faire des essais.

J'avais placé un signal près d'Oison, à quelques toises près de celui de 1740. Pour remplacer Salbris, je pris le clocher de Soême, pointe mince et déliée qui fût très difficile à observer. Elle me paraissait assez longue, et je ne fis nul doute que de Soême je ne dusse voir mon signal d'Oison; d'ailleurs je n'avais pas le choix. Quand je fus à Soême, je vis qu'un bois très voisin me cachait le signal d'Oison; je ne trouvais pour le remplacer que le clocher de Chaumont. Alors il me fallait un point intermédiaire entre Vouzon et Ennordre. Je fus encore fort heureux de trouver le petit clocher de Sainte-Montaine. Je n'étais pourtant pas trop satisfait de cet arrangement, car la distance de Vouzon à Chaumont ne soutendait à Orléans qu'un angle de 27° et à Soême qu'un angle de 22°. Je m'attendais à les bien observer; je crois y avoir réussi, quoique les circonstances ne fussent pas très favorables; la saison était très avancée et très rigoureuse. Malgré tous mes soins, ces deux triangles sont ceux où la somme des erreurs est la plus forte; ce que je l'attribue à la hauteur des flèches d'Orléans et de Chaumont, dont l'une est de 120 pieds et l'autre de 80. Il suffisait de 3 pouces d'inclinaison au sommet de la flèche d'Orléans, pour changer d'une seconde l'angle à Chaumont et l'angle à Vouzon; heureusement, ils sont fort grands, et l'erreur des côtés doit être insensible : l'inclinaison changerait le centre de station; mais un pied d'erreur sur ce centre ne produirait qu'une demi-seconde -ur l'angle. En considérant de tous côtés la flèche d'Orléans, je ne pus apercevoir la moindre inclinaison sensible. M. de Prony, qui était avec moi en ce moment, n'en soupçonna pas plus que moi. Je suis un peu moins sûr du clocher de Chaumont; s'il y a quelque erreur elle doit venir de ce côté; mais je ne crois pas qu'elle soit bien considérable.

Toutes ces difficultés me retinrent jusqu'au

milieu de frimaire, an 4. J'étais très pressé de me rendre à Dunkerque pour y observer la hauteur du pôle, et d'ailleurs nous étions dans un pays où l'on refusait de nous loger et de nous nourrir pour des assignats; en outre, il régnait à Vouzon une maladie épidémique, dont un de mes coopérateurs fut attaqué, au point qu'il n'était pas en état d'être transporté quand je quittai Vouzon pour aller à Chaumont. Au reste, la saison pluvieuse, qui rendait ces stations si longues et si désagréables, faisait pourtant que j'avais moins de regret de n'être pas à Dunkerque, où je n'aurais pu faire la moindre observation. Je fis donc tous mes efforts pour conduire cette année les triangles jusqu'à Châteauneuf et Orléans, et leur chaîne s'étendit alors de Dunkerque à Bourges sans interruption.

XXI. — Une lettre de Méchain

Méchain était encore dans une situation plus fâcheuse. Voici ce qu'il me mandait le 12 vendémiaire, an 4 :

« Vous ne pouvez vous faire une idée des difficultés que nous éprouvons pour avoir du bois et des ouvriers, pour le transport et l'établissement des signaux sur le sommet des montagnes; nous sommes obligés d'aller à pied presque partout; d'ailleurs impossibilité physique de faire autrement pour certaines stations, telle, par exemple,

Ce moyen parut satisfaire tout le monde. (page 108)

que celle de Bugarach, où l'on ne peut arriver qu'en s'ccrochant aux buis, aux broussailles, et en gravissant les rochers. Cette marche est de quatre à cinq heures. La descente est encore plus pénible et plus scabreuse. Vous pouvez juger de la commodité du séjour, à plus de 600 toises de hauteur, sur un pic qui n'a pas deux toises d'étendue, et bordé de précipices. Les autres stations sont moins élevées, mais toujours d'un accès difficile..... et, pour la plupart, éloignées de trois ou quatre lieues de toute habitation. Nuit et jour, on y est exposé aux orages, ayant pour lit un peu de paille et pour abri une simple tente, souvent interrompu et tourmenté par les nuages qui enveloppent une des stations et y restent accrochés des journées entières; puis, quand l'une se découvre, l'autre s'ensevelit. La station de Forceral exige six signaux à la fois..... J'ai été presque découragé, quand j'ai vu celui de Bugarach, qui avait tant coûté de peines, abattu par un ouragan furieux. La tramontane est terrible dans ces régions; rien ne résiste à sa violence; il faut abattre les tentes et les descendre en rempant sur la terre, si l'on ne veut être enlevé comme une plume. J'ai fait dix voyages à Forceral; j'y ai couché plusieurs nuits presque à la belle étoile, pour observer quatre angles. Nous avons commencé beaucoup trop tard dans ce pays. Les signaux vont être placés jusqu'à Carcassonne et Alaric; il faut marcher..... J'espère que nos angles seront mesurés jusqu'à Carcassonne dans les premiers jours de novembre, et je compte revenir ensuite à Perpignan, pour chercher une base. »

Il réussit dans tous ses projets; ses triangles formèrent alors une chaîne non interrompue depuis Montjouy jusqu'à Carcassonne. Il trouva sur la route de Perpignan à Narbonne une base de 6,000 toises ; il en fixa les termes par des pieux enfoncés dans un massif de maçonnerie et recouverts d'une plaque de cuivre au milieu de laquelle le point de centre était marqué par l'intersection de deux diamètres d'un cercle, et il joignit ces deux points aux triangles principaux par la station subsidiaire d'Espira. L'hiver de l'an 4 fut employé tout entier à ces opérations et à celles par lesquelles il détermina la latitude de Perpignan et la position de cette ville par rapport aux signaux voisins.

XXII. — Continuation des opérations en France

Je ne pus arriver à Dunkerque que le 7 nivôse, pour y faire les opérations correspondantes à celles que Méchain avait faites deux ou trois ans auparavant à Barcelone et à Mont-Jouy. J'aurais bien désiré que nos observations eussent été simultanées; mais il est démontré qu'il ne peut résulter aucun inconvénient réel de l'intervalle qui les sépare. En observant les passages supérieurs et inférieurs des étoiles circumpolaires, nous nous rendons indépendants des mouvements des étoiles, ou plutôt nos observations nous donneraient ces mouvements ainsi que les déclinaisons absolues, en même temps que la hauteur du pôle...

Quoique je fusse arrivé trop tard à Dunkerque, et que le temps eût été fort variable, je réussis pourtant à prendre cent soixante-quatorze distances de l'étoile polaire dans son passage supérieur, et cent trente-huit dans son passage inférieur, qui ont dû me donner la latitude avec la précision d'une demi-seconde...

Je quittai Dunkerque en germinal, an 4, pour continuer mes triangles, qui allaient jusqu'à Bourges et Dun-sur-Auron.

Il aurait été fort difficile de placer un signal sur la tour de Bourges, pour être vu des stations voisines; il se serait nécessairement projeté sur le tourillon de l'escalier ou sur celui de l'horloge. Celui-ci est surmonté d'un pélican qui sert de girouette, et qu'on a pris pour point de mire, en 1740. Il s'élève de six mètres environ au-dessus de la balustrade. Je me déterminai à le prendre aussi pour signal. Il était très aisé de le bien observer de Méri et de Dun, d'où je le vis d'abord; on le distinguait aussi parfaitement de Cullan, à une distance de 60,000 mètres : mais, quand il se projetait en terre, comme à Morlac ou à Morogues il était très difficile à reconnaître. A Morlac, on ne le voyait jamais qu'à la fin du jour. De Morogues, on ne pouvait rien distinguer; on était obligé d'observer la masse du tourillon, grossie encore par un pilier qui porte une roue, sur laquelle glisse un fil qui soulève le marteau de l'horloge.

Le clocher de Morlac avait été rasé à la hauteur du faîte de l'église, ainsi que beaucoup d'autres du même département. Un représentant du peuple s'était vanté, dans une lettre à la Convention, d'avoir *fait tomber tous ces clochers qui s'élevaient orgueilleusement au-dessus de l'humble demeure des s... c.....* On n'ose plus écrire maintenant le titre dont il se glorifiait alors, et duquel on avait composé le nom donné d'abord aux jours complémentaires du nouveau calendrier. Cependant, j'ai vu partout que ces humbles s... c... regrettaient beaucoup leurs clochers. J'invitai donc les habitants de Morlac à rétablir celui qu'ils avaient vu tomber avec tant de chagrin; j'offris de payer les frais par moitié : mais ils aimaient encore mieux leur argent, et ne voulurent entendre à aucun arrangement. Je m'en tins alors à faire construire à la place une simple pyramide couverte en planche; mais telle quelle était, elle pouvait garantir leur église de la pluie. Je voulus la leur céder à moitié prix, après mes opérations : sur leur refus, je la vendis à un particulier pour la somme qu'ils n'avaient pas voulu donner; mais, quand il se présenta pour en enlever les matériaux, ils s'y opposèrent. L'affaire fut portée au tribunal voisin, et je reçus, quelques mois après une lettre du juge, qui me demandait un récit exact des faits, pour savoir à qui appartenait véritablement mon signal. J'ignore l'issue de ce grave procès.

La tour de l'horloge de Dun-sur-Auron est terminée par une pyramide quadrangulaire facile à observer; cependant un petit toit destiné à couvrir la cloche, fait sur l'une des faces une saillie de deux pieds, qui, vue de Bourges et surtout de Morogues, gênait un peu l'observation.

Depuis la mesure de 1740, M. de Béthune-Charost avait fait construire un belvéder à très peu de distance de l'ancien signal de Préaux. Ce belvéder, surmonté d'une pyramide octogone, formait le plus commode et le plus sûr des signaux, quand on le voyait, comme à Dun, d'assez près pour en distinguer toutes les parties; mais, vu de Morlac, il nous a singulièrement contrariés par ses phases, c'est-à-dire par la manière inégale dont il était éclairé du soleil aux différentes heures du jour; en sorte que, pour obtenir des observations qui ne fussent point altérées par le soleil, ou dans lesquelles les erreurs fussent de nature à se détruire mutuellement, il me fallut mesurer cent soixante-dix fois l'angle que le belvéder faisait avec le signal de Cullan.

Ce dernier signal était placé à peu de distance de celui qui porte le même nom dans la *méridienne vérifiée.*

A Saint-Saturnin, je n'ai pu retrouver exactement la place de l'ancien signal, et d'ailleurs je n'aurais pu m'y établir. Des bois embarrassaient l'horizon, et même, en m'écartant, je n'ai pu observer que par des échappées de vue qui ne subsisteront peut-être pas longtemps. Ce signal était fort difficile à reconnaître de Morlac, et, pour ne plus m'exposer à la même méprise qu'à Morogues, j'envoyai allumer un feu au pied même du signal...

Sur la montagne de Laage, je reconnu très bien la place du signal de 1700; mais nuls vestiges de celui de 1740. Je me plaçai donc à l'endroit qui me parut le plus favorable.

Pour la station suivante, je pris comme autrefois le clocher d'Arpheuille. Il était assez difficile à voir de Cullan, à cause d'un gros arbre qui en cachait la partie inférieure. Le triangle qui se termine à ce clocher est presque isocèle, et l'angle au sommet est de près de 215°. Je souhaitais fort le partager en deux au moyen d'un signal intermédiaire. J'y trouvai trop de difficultés et j'ai été obligé de le laisser tel qu'il était.

La tour de Sermur et le signal d'Orgnat sont mes dernières stations pour cette campagne. Quand j'arrivai à Sermur, le 6 brumaire, an 5, la montagne était déjà couverte de neige. Le signal de la Fagitière n'ayant pu être posé à temps, le clocher d'Herment ne pouvant être aperçu du pied de la tour de Sermur, et la station de Saint-Michel s'étant trouvée trop difficile à remplacer, je fus obligé de remettre au printemps la partie australe de ces deux stations. J'étais pressé de me rendre à Evaux, où nous étions convenus que celui qui se trouverait le plus avancé ferait pendant l'hiver les observations de latitude à égale distance de Dunkerque et de Barcelone, à très peu près.

XXIII. — Jonction des travaux de Delambre et de Méchain. — Souffrance et héroïsme de Méchain

Il restait à Méchain neuf ou dix stations, en comptant Rodez et Rieupeiroux ; il m'en restait douze, en comptant aussi ces deux stations que nous devions faire chacun par moitié. Mais Evaux se trouvait enfermé dans les derniers triangles que j'avais formés; il ne me fallait pas plus d'un jour pour m'y rendre d'Orgnat, où 'étais alors. Méchain était à même proximité de Carcassonne; il voulait faire en cette ville des observations d'azimut. Il se résolut donc à y passer l'hiver, pour y observer aussi la latitude, tandis que j'observerais celle d'Evaux.

Il était temps que j'arrivasse ; huit jours plus

tard, l'objet de mon voyage aurait été manqué. Quoique l'hiver eût commencé par de beaux froids et un temps clair, je n'eus pas trois belles nuits en nivôse. Les deux mois suivants furent plus beaux, et quoique une maladie de M. Bellet, qui dans toutes mes obervations tenait le niveau, m'ait fait perdre environ trois semaines, je fis cependant environ 1,200 observations...

J'étais à Evaux le 4 frimaire. Vers le même temps, le froid insupportable et les neiges qui couvraient les montagnes du département du Tarn forcèrent Méchain de se réfugier à Carcassonne. Il projetait de reprendre la mesure des triangles aux premiers beaux jours, et de les conduire dans la même année jusqu'à Aubassin et Violan. En se chargeant de ces stations, il voulait me ménager le loisir d'opérer avant l'hiver la jonction entre la base de Melun et les triangles voisins. Il insistait sur ces propositions dans toutes les lettres qu'il m'écrivait de Carcassonne.

Les mauvais temps l'empêchèrent de songer aux observations azimutales avant le 25 floréal ; elles furent terminées dix jours après. Il n'employa cette fois que le soleil, et non plus la polaire, parce qu'elle aurait exigé l'usage des réverbères, que nous n'avons jamais osé nous permettre en France. Le besoin de vérifier un angle, qui paraît avoir été très difficile à établir, et dont je trouve dans ses manuscrits quatre séries, outre les six qu'il a publiées, page 347, le retint à

Carcassonne jusqu'à la fin de prairial. En messidor, il envoya Tranchot poser les signaux et chercher une position nouvelle entre Gaste et Montalet, pour donner aux triangles une disposition plus avantrgeuse. Tranchot lui trouva Cambatjou. Lui-même se disposait à rentrer en campagne au commencement de thermidor, mais le mauvais état de sa santé lui fit perdre encore ce qui restait de la belle saison.

Pour moi, sorti d'Evaux le 12 germinal, je me mis, avec Bellet, à la recherche des stations.

Nous ne trouvâmes rien qui nous indiquât exactement la place du signal de la Fagitière. La station de Saint-Michel fut remplacée par la station infiniment plus commode des Bordes. Ce point, que nous avions très bien aperçu de la Fagidière, nous en avait paru beaucoup plus éloigné. Nous le cherchâmes longtemps entre Aubusson et Guéret : enfin Bellet le trouva au au sud-est de Felletin.

Nous ne fûmes pas si heureux du côté de Herment, dont le clocher ne se voyait plus du bas de la tour de Sermur. Nous voulions une station intermédiaire : nous la cherchâmes pendant six jours, sans trouver un point d'où l'on pût découvrir à la fois Sermur, la Fragitière et Herment, quoique ces trois stations soient fort élevées. Ce qui rendait Herment si difficile, c'est qu'on avait abattu la partie supérieure du clocher et la lanterne où l'on s'était mis en 1740; il ne restait même de la partie inférieure que la charpente, qui était toute à jour. Je la fis couvrir de toile blanche, parce que, de Sermur, ce clocher se projetait sur des montagnes voisines. La couleur de cette toile alarmait les habitants, qui craignaient d'avoir l'air d'arborer le drapeau de la contre-révolution. Je fis donc ajouter, d'une part, une bande rouge, et, de l'autre, une bleue. Ce moyen parut satisfaire tout le monde. Cependant comme je n'étais pas encore bien sûr qu'on respectât longtemps mon signal tricolore, où le blanc dominait trop, je sollicitai de l'administration départementale du Puy-de-Dôme, un arrêté qui mît ce signal sous la sauve-garde des autorités locales, et, en effet, il fut toujours respecté. Celui de Bort, au contraire, fut souvent insulté, et, sans le zèle et les soins de l'administration municipale, il n'eût pas subsisté longtemps. Le jour même où il avait été construit, un orage affreux a dévasté les environs de Bort et rempli les rues de la ville, jusqu'à trois pieds de hauteur, de terre et de cailloux, que les eaux avaient entraînés du haut de la montagne. On avait craint pour le pont de la Dordogne. On s'en prenait à notre signal, qui paraissait être la cause du désastre; on lui attribuait encore les pluies continuelles qui, pendant près de deux mois, suspendirent toute culture dans ces montagnes. Plus d'une fois on voulut l'arracher : il en fut de même à peu près de celui de Meimac. Heureusement ils étaient tous les deux dans des lieux écartés et d'un accès peu commode.

La place de celui d'Aubassin fut choisie par un temps horrible; la pluie et le brouillard empêchaient de voir à trois pas. On ne put retrouver aucun vestige de l'ancien signal. Il n'y avait pas beaucoup à choisir à Violan, tant la crête de la montagne est étroite : mais cette raison même empêcha de placer le signal au même point que l'ancien, qui n'était probablement qu'un tronc d'arbre planté tout à l'extrémité, vers Aubassin. De la ville de Salers, où nous étions arrivés par un temps toujours pluvieux, le 20 prairial, nous vîmes Violan se couvrir de neige en un instant; elle fondit le lendemain, et rendit l'accès de la montagne plus désagréable encore que difficile. Bellet m'épargna la peine de cette visite, comme il l'avait déjà fait pour Aubassin. D'Aurillac à Montsalvy, nous fûmes accompagnés d'un orage des plus affreux. Nous cheminions dans le nuage même, à la lueur des éclairs et au bruit d'un tonnerre continuel.

De là, nous visitâmes la chapelle Saint-Pierre. Elle est abandonnée et n'a plus de porte; le clocher n'existe plus qu'à moitié. Un arbre est à l'angle qui se présente le premier, à gauche en venant de Montsalvy. En 1740, on n'avait pu, de Violan, distinguer suffisamment ces deux objets, dont on avait observé l'ensemble (*Méridienne vérifiée*, p. 40). A quelques mètres de la chapelle, on trouve une place commode pour un signal : on y voit parfaitement tous les points qui nous étaient nécessaires; seulement la Bastide nous parut un objet assez confus, quoique dans une position fort élevés. On pouvait rapprocher le signal de la ville de Montsalvy, en le mettant sur une hauteur que l'on trouve à gauche en revenant de la chapelle. Mais, au nord de Montsalvy, en tirant un peu à l'est, est une autre montagne appelée Puech-l'Arbre ou Puy-de-l'Arbre; elle touche à la ville, à laquelle elle cache le Puy-Violan : je me déterminai à la prendre pour station.

En allant à la Bastide, nous visitâmes la chapelle désignée dans la *Méridienne vérifiée*, sous le titre de Saint-Mamet, parce qu'elle est voisine de ce bourg; mais elle porte le nom de Saint-Laurent.

A la Bastide je ne trouvai qu'un seul moyen qui fût convenable pour les observations, c'était de mettre un signal sur le clocher; mais ce clocher est couvert d'une pierre, espèce de schiste, épaisse et lourde, dont on ne pouvait enlever aucun fragment sans s'exposer à faire écrouler tout. Il eût fallu construire à la place du toit une espèce d'observatoire surmonté d'une pyramide comme celle de nos signaux de Châtillon, Melun, et Lieursaint; la disette d'ouvriers et de matériaux rendait ce moyen trop long et trop dispendieux. Je ne voulais pas, comme on avait fait en

1740, prendre successivement pour points de mire différentes parties éloignées les une des autres de 33 mètres. Je fus donc réduit à placer à 133 toises du clocher une pyramide de 5 toises de hauteur, que je fis couvrir de paille du haut jusqu'à terre, et qui n'en fut pas moins très difficile à distinguer du Puy-Violan, parce qu'elle se projetait sur des objets voisins, inconvénients que je n'avai pu éviter, parmi tant d'autres difficultés.

De la Bastide et de Montsalvy, je reconnus que la tour de Rodez et le petit clocher de Saint-Jean de Rieupeyroux pouvaient m'épargner deux signaux; alors, je me hâtai de retourner à Sermur, où je repris mes observations le 10 prairial, après cinquante-huit jours de courses préparatoires. Je mesurai mon dernier angle le 10 fructidor, à Rodez; et ces douze stations, malgré les pluies et les brumes, n'employèrent que deux mois d'un travail effectif.

Je n'avais, pendant tout ce temps, aucune nouvelle de Méchain; le 6 fructidor, je découvris son signal de la Gaste, que j'avais cherché vainement les jours précédents. Le 7, je rencontrai Tranchot sur le chemin de Rieupeyroux à Rodez; il venait de terminer la mission dont Méchain l'avait chargé. Tous les signaux étaient en place; rien ne s'opposait plus à son retour à Paris, où il n'était pas rentré depuis le mois de juin 1792. Méchain avait trouvé à Carcassonne un jeune homme dont il parle avantageusement, page 293 : il ne voulait pas d'autre aide pour achever ce qui restait à mesurer entre Carcassonne et Rieupeyroux. Il comptait terminer avant la mauvaise saison ; mais ses forces physiques ne répondaient plus à son zèle. Je vois, par une lettre qu'il m'écrivait le 20 brumaire, an 6, « qu'une indisposition assez grave était venue » prolonger des retards bien involontaires. J'ai » été, me disait-il, arrêté deux mois entiers dans » la montagne Noire, sans pouvoir y trouver » deux heures de suite où je pusse observer. Je » n'ai pu terminer la station de Nore qu'à force » de constance, et avec des peines infinies. Je » suis au comble de la douleur en voyant l'im- » possibilité d'aller plus avant. Je ne redoute ni » les fatigues ni le froid, mais ce serait sans » succès que je tenterais de les braver..... Dans » cette cruelle conjoncture, je prends le parti de » rester encore dans cet affreux exil, loin de ce » que j'ai de plus cher au monde ; je sacrifie tout, » je renonce à tout, plus tôt que de rentrer sans » avoir terminé ma portion de travail, que vous » aviez vous-mêmes voulu diminuer. J'attendrai » donc le retour du beau temps. J'emploierai l'in- » tervalle à terminer ma rédaction et, dès les pre- » miers beaux jours, je reprendrai la mesure des » angles. Je ferai les plus grands efforts pour » qu'elle soit terminée avant la fin de floréal, » assez à temps pour prendre part à la mesure des » bases..... *Mais, pour rien au monde, je ne ren-*

» *trerai avant d'avoir entièrement rempli ma* » *tâche.* » Cette résolution dans laquelle je le savais affermi depuis longtemps, m'empêcha d'insister sur l'offre que je lui avais faite de continuer par delà Rodez, jusqu'à ce que je l'eusse rencontré; quoique dans un autre temps, il m'eût proposé de venir au devant de moi jusqu'à Sermur, ou même plus près de Bourges, si je rencontrais trop d'obstacles. Il me restait d'ailleurs, à prendre quelques angles à Brie, Malvoisine et Montlhéri; j'avais à préparer la mesure des bases, et à joindre celle de Melun aux triangles voisins...

XXIV. — DÉTERMINATION DES BASES DE MELUN ET DE PERPIGNAN

Le 17 vendémiaire, an 6, nous allâmes à Melun, M. Laplace et moi, pour déterminer définitivement les extrémités de la base, et commander les signaux. La route est plantée d'arbres des deux côtés, et elle fait un petit coude vers le tiers de la base. Cette réunion de circonstances, fait que les deux extrémités sont invisibles l'une pour l'autre, et nécessitent des signaux élevés. Ils ne purent être achevés qu'en nivôse. Malgré leur hauteur, ils étaient encore invisibles : il fallait reconnaître et couper les branches qui gênaient la vue. Cette opération demanda six semaines. Aussitôt qu'elle fut terminée, je mesurai tous les angles des deux triangles subsidiaires, qui furent acheyés le 7 ventôse, an 6.

Les règles qui devaient servir à mesurer les bases, n'étaient pas prêtes; je les attendis jusqu'à la fin de germinal. Les premiers jours de ce mois furent employés à tracer l'alignement de la base. La mesure entière prit ensuite trente-huit jours, sans compter trois jours de pluie, dans lesquels il nous fut impossible de rien faire. En travaillant depuis neuf heures du matin jusqu'au coucher du soleil, nous n'avions jamais pu parvenir à mesurer plus de 360 mètres en un jour, c'est-à-dire à placer plus de quatre-vingt-dix règles les unes au bout des autres.

Cette mesure fut achevée le 15 prairial. Mon dessein était d'abord de la recommencer aussitôt en sens contraire; mais, en calculant ce qu'il me faudrait de temps pour cette seconde opération, je vis qu'il faudrait remettre à l'année suivante la mesure de la base de Perpignan, et je pensai qu'il valait mieux avoir deux bases de 66 myriamètres (environ 160 lieues de distance) que deux mesures de la base de Melun, d'autant plus que la proximité nous met à portée de vérifier celle-ci quand ou voudra. D'ailleurs je n'étais pas sans espérance que nous pourrions revenir assez tôt, Méchain et moi, pour en exécuter conjointement la seconde mesure pendant l'automne, et l'achever en présence des savants étrangers qui seraient les premiers au rendez-vous indiqué pour le 15 vendémiaire, an 7.

Nous n'avions jamais pu parvenir à mesurer plus de 360 mètres par jour. (page 114)

On a vu que le premier projet avait été d'inviter la Société royale de Londres à concourir avec l'Académie des sciences à la fixation de l'unité fondamentale ; mais l'unité projetée était alors la longueur du pendule. La mesure de la méridienne était une entreprise bien plus considérable, et d'une trop longue durée pour qu'on pût se flatter de la voir terminer par les commissaires réunis des deux nations, lorsque tant de causes probables et prochaines pouvaient troubler la bonne intelligence entre leurs gouvernements. L'événement ne prouva que trop tôt combien cette crainte était fondée. Mais les mesures ayant été terminées avant d'en déduire les conséquences, il n'y avait plus aucun inconvénient; on devait, au contraire, trouver un avantage réel à soumettre le travail à l'examen de tous les savants de l'Europe; et toutes les puissances amies, ou seulement neutres, furent invitées à nommer des députés à ce congrès d'une espèce toute nouvelle.

L'époque fixée était assez voisine; il n'y avait plus un instant à perdre. Quelques préparatifs et quelques délais dans la remise des fonds nécessaires me retinrent à Paris jusqu'au milieu de messidor. On ne pouvait voyager bien vite avec l'attirail nécessaire à la mesure d'une base. Je ne pus arriver à Perpignan que le 4 thermidor. Je m'occupai tout aussitôt à planter les signaux aux deux termes de la base. L'alignement seul dura sept jours, et la mesure quarante-un, sans compter trois jours d'un vent impétueux qui nous réduisit à l'inaction. On voit donc que, dans les circonstances les plus favorables, on ne peut guère se flatter, avec tous les soins et le scrupule que nous y apportions, de mesurer une base de 12,000 mètres en moins de cinquante jours, puisque, dans les deux plus belles saisons de l'année, et malgré l'avantage d'un terrain bien uni, la base de Melun employa quarante-cinq jours, et celle de Perpignan cinquante-un, tout compté. Il est vrai que la nécessité de marquer le soir dans le sein de la terre, et de manière à le retrouver le lendemain sans la moindre incertitude, le point où l'on s'était arrêté; le soin de remettre tous les instruments dans leurs boîtes, de les déposer dans un lieu sûr, de les venir reprendre le matin, et d'aller au loin chercher le gîte où l'on passait la nuit : tout cela prenait chaque jour un temps considérable, qu'on eût épargné si l'on eût pu camper auprès des règles, autour desquelles auraient veillé des factionnaires. Mais aucun de ces moyens n'était en notre pouvoir; et d'ailleurs nous n'avions que le nombre de coopérateurs strictement nécessaire, et personne n'avait un instant dans la journée pour se reposer.

La base de Perpignan fut terminée le premier complémentaire, an 6. J'en donnai avis aussitôt à Méchain, en lui demandant ses triangles, pour voir comment les deux bases s'accorderaient. Dès l'hiver précédent, je lui avais communiqué tous les miens; il les avait calculés de nouveau et m'avait envoyé tous ses résultats pendant que j'étais à Melun. En attendant sa réponse, je calculai les diverses réductions dont ma base avait besoin pour être rapportée à l'horizon, au niveau de la mer et à la température moyenne de 13 degrés Réaumur.

Des obstacles de toute espèce avaient, contre son attente, retenu Méchain entre Carcassonne et Rodez. C'est par cette dernière ville et Rieupeyroux qu'il avait repris la suite de son travail, le premier thermidor, an 6; de là, il avait passé successivement à Gaste, à Puy-Saint-Georges et à Montrédon; voici ce qu'il m'écrivait de cette station, le 19 fructidor :

« J'ai fait rétablir tous les signaux et pris les » moyens les plus directs pour en assurer la con- » servation. J'ai écrit aux administrations cen- » trales et municipales; j'ai requis l'emploi de » l'autorité. Pour le signal de Montalet, il a » fallu recourir à la force : des propos répandus » et le fanatisme avaient tellement exaspéré les » esprits qu'on détruisait le signal aussitôt qu'il » était relevé, et au mépris d'un avis imprimé, » que le département avait fait afficher. On vient » de relever ce signal et d'y poster des gardes : il » n'y a plus rien à craindre. Il a fallu mettre aussi » des gardes à plusieurs autre signaux. Au nord » de Rodez on a été plus tranquille. Vos signaux » de la Bastide et de Montsalvy sont toujours in-

» tacts..... Vous pouvez compter que sous peu » vous aurez tous mes angles. »

Dix jours après, il m'envoya ses triangles depuis Barcelone jusqu'à Carcassonne : il achevait alors les òbservations à Cambatjou. Il avait encore à faire les stations de Montalet et de Saint-Pons : celle de Montalet finit le 9 vendémiaire, an, 7. La base mesurée, je m'étais rendu à Narbonne, et ensuite à Carcassonne, pour être plus près de Méchain et plus à portée de le suppléer en cas de maladie. Le 15 vendémiaire, il m'envoyait de Saint-Pons tous les triangles depuis Alaric et Carcassonne, auxquels il ne manquait plus que deux angles que je pouvais conclure d'après ceux qu'il me communiquait. L'exprès qui m'apporta ses triangles, lui porta la longueur de ma base de Perpignan, et le premier brumaire, il m'écrivait de Saint-Pons-de-Thomières que ses observations étaient finies, qu'il irait bientôt me joindre à Carcassonne ; et, par *post-scriptum*, il ajoutait : « *Il me semble, par aperçu, que la base de Perpignan, calculée d'après celle de Melun, sera plus courte de* 1 *mètre* 3/4, *ou environ, que la base mesurée.* » Pour moi, d'après des calculs faits avec plus de loisir, mais dans lesquels j'avais été forcé de regarder comme insensibles des réductions légères que je n'avais pas eu le temps de calculer, je ne trouvais guère que 4 pouces ; mais toute réduction faite, la différence fut de 10 à 11 pouces. Nous avons dit ci-dessus qu'en 1718 on avait eu 3 toises ou 216 pouces pour la différence entre les bases de Juvisi et de Perpignan.

Le 7, Méchain m'écrivait que, par de nouveaux calculs faits avec plus de soins, il trouvait 6,006 mètres 1,983 pour la base de Perpignan déduite de celle de Melun, au lieu de 6,006 mètres 27 qu'avait donnés la mesure. « J'avoue, ajoute-t-il que je ne m'attendais pas d'arriver si près, d'autant plus que, par un aperçu fait bien à la hâte, j'avais trouvé, comme je vous l'ai mandé, une différence de 1. 75 toises; mais j'*affirme que les angles des triangles de Rodez à Carcassonne étaient arrêtés tels que je vous les envoie avant d'avoir commencé la première ligne de ces calculs.* Je n'avais fait qu'ébaucher la longueur des côtés sur mon ancienne échelle, pour calculer les réductions au centre, et c'était d'après cette ébauche que je croyais apercevoir 1.75 toises entre la base calculée sur la première et la mesure effective. »

Peu de jours après cette lettre, il vint me trouver à Carcassonne et nous revînmes ensemble à Paris, où nous arrivâmes dans les premiers jours de frimaire, an 7.

Mon dernier soin, avant d'aller à Melun pour mesurer la base, avait été de constater l'état des règles par une comparaison faite dans l'atelier de M. Lenoir en sa présence, avec son aide et celle de M. Bellet. Le 6 frimaire, je fis, de la même manière, une vérification semblable; elle prouva comme la première, que les règles n'avaient pas éprouvé la moindre altération. On tira la même conséquence d'une comparaison plus authentique encore faite par une commission particulière...

XXV. — Réunion a Paris de savants français et étrangers. — Vérifications et conclusion

Les savants étrangers qui avaient reçu l'invitation de se rendre à Paris, dans les premiers jours de l'an 7, pour prendre une connaissance intime des opérations exécutées, et pour contribuer de leur travail et de leurs lumières à tirer les conséquences qui devaient fixer de la manière la plus authentique l'unité fondamentale du système de mesures, avaient pour la plupart devancé l'instant marqué, et, depuis deux mois, ils attendaient notre retour. Cette circonstance avait rendu plus sensibles les contrariétés imprévues et les obstacles de tout genre qui avaient retenu Méchain. Je tâchai du moins de mettre à profit les cinquante jours que j'avais été contraint de passer à Narbonne et à Carcassonne, après la mesure de ma seconde base. J'avais eu le loisir de calculer toutes les parties de l'opération, dont j'avais dès lors le résultat définitif ou la longueur véritable du mètre ; mais ce résultat était trop important pour être adopté, pour ainsi dire de confiance ; il convenait que tous les calculs fussent examinés scrupuleusement, ou même répétés par les commissaires. Méchain avait besoin de quelques délais pour mettre en ordre et calculer ses dernières observations. Il en pouvait résulter quelques modifications, légères à la vérité, mais importantes dans une occasion où l'on voulait la précision la plus rigoureuse. On résolut d'examiner séparément chacune des opérations qui concouraient au même but. On commença par exposer aux yeux de la commission toute entière les instruments qui avaient servi aux mesures géodésiques et astronomiques, les cercles répétiteurs, les règles de platine et tous leurs accessoires. On lut dans les assemblées générales les mémoires de Borda sur la construction de ces règles, et sur les épreuves auxquelles il les avait soumises; il rendit compte de ses expériences du pendule. On répéta quelques-unes de ces expériences; on fit un simulacre de la mesure d'une base, et quelques observations d'angles horizontaux et de distance au zénith. Après ces conférences générales, on sentit l'utilité de former des commissions particulières pour examiner dans le plus grand délai les observations et refaire les calculs.

Les savants étrangers venus pour prendre part à ces travaux étaient MM. Ænec et Van Swinden, députés bataves, M. Balbo, député du roi de Sardaigne, remplacé depuis par M. Vassalli Eandi, envoyé par le gouvernement provisoire du Piémont; M. Bugge. député du roi de Danemark; MM. Ciscar et Pédrayés, députés du roi d'Espagne; M. Fabbroni, député du roi de Toscane; M. Franchini, député de la République romaine; M. Mascheroni, député de la république cisalpine; M. Multédo, député de la république ligurienne, et M. Trallès, député de la république helvétique.

La commission française avait éprouvé quelques changements depuis l'arrêté du 28 germinal, an 3; nous avions perdu M. Vandermonde; MM. Bertollet et Monge étaient en Egypte : ils avaient été remplacés par MM. Darcet et Lefèvre-Gineau.

La commission chargée spécialement d'examiner les opérations géodésiques et astronomiques était composée de MM. Trallès, Van Swinden, Laplace et Legendre.

En examinant tous les détails de la mesure des deux bases, en voyant les doubles registres originaux, dans lesquels toutes les parties de ce travail ont été consignées avec tous les éléments des réductions, la commission a pensé que la forme même de ces registres, la marche constante qu'on avait suivie, avait dû prévenir toute erreur appréciable, et que l'accord des deux bases situées à une si grande distance, rendait superflues toutes vérifications ultérieures; en conséquence, on adopta, pour servir de fondement à tous les calculs, les deux longueurs suivantes, réduites au niveau de la mer, et à la température de 16 degrés 1/4 du thermomètre centigrade :

Base de Melun. . . . . 6,075 mètres 900069.

Base de Perpignan. . . . . . . 6,006 mètres 247848.

Procédant ensuite à l'examen des trois angles de chaque triangle, comparant les différentes séries de chacun de ces angles, et pesant toutes les circonstances et les notes consignées dans les registres originaux, et, en outre, les éclaircissements fournis par les deux observateurs, les commissaires arrêtèrent le tableau des triangles, tel qu'il sera rapporté en son lieu, et l'on commença les calculs. Ils furent tous faits séparément par quatre personnes différentes, MM. Trallès, Van Swinden, Legendre et moi. Chacun apportait ses calculs, et l'on convenait des résultats qu'on devait adopter, quand il se trouvait quelques-unes de ces différences insensibles qu'on ne peut toujours éviter dans les opérations si longues et si délicates.

On soumit à un examen semblable les observations azimutales faites à Watten, Bourges, Carcassonne et Mont-Jouy : alors on put calculer l'arc terrestre mesuré. Nous produisîmes, Méchain et moi, nos observations de latitudes faites à Dunkerque, Paris, Evaux, Carcassonne et Mont-Jouy; on connut ainsi l'arc céleste; et la comparaison de cet arc à celui qui avait été mesuré au Pérou, ayant donné pour aplatissement 1/334, on en conclut que la grandeur du quart du méridien est de 5,130,740 toises.

Pendant ce travail, nous déterminions, Méchain et moi, chacun par dix-huit cents observations, la hauteur du pôle de nos observatoires, pour en conclure celle du Panthéon, l'un des sommets de nos triangles, et ces latitudes s'accordèrent à moins d'un sixième de seconde. L'été suivant, j'observai encore un très grand nombre de fois l'azimut du Panthéon, de la terrasse de mon observatoire; mais ce travail, dont je donnerai les détails et les résultats, fut terminé trop tard pour être soumis à la commission, et n'était pas nécessaire pour l'objet principal de nos travaux.

La commission spéciale pour le quart du méridien et la longueur du mètre était composée de MM. Van Swinden, Trallès, Laplace, Legendre, Ciscar, Méchain et moi. Le rapport rédigé par M. Van Swinden, est du 6 floréal, an 7.

La commission chargée de vérifier les règles et d'en établir le rapport avec les toises du nord, du Pérou, et de Mairan, était composée de MM. Multedo, Vessalli, Coulomb, Mascheroni, et Méchain. Elle fit son rapport le 21 floréal, an 7.

M. Fabbroni s'était joint à M. Lefèvre-Gineau pour achever le travail de la fixation de l'unité de poids. La commission chargée d'examiner ces expériences et les registres de M. Lefèvre, était composée de MM. Trallès, Vassalli, Coulomb, Mascheroni et Van Swinden. M. Trallès fit son rapport le 11 prairial, sur l'unité de poids. Ces deux rapports, réunis et refondus par M. Swinden, furent lus à une assemblée générale de l'Institut, et un extrait de ce rapport a été entendu avec le plus grand intérêt dans la séance publique du 15 messidor. Le 4 du même mois, l'Institut avait présenté au Corps législatif les étalons prototypes du mètre et du kilogramme en platine qui furent de suite déposés aux archives, en exécution de l'article 2 de la loi du 18 geminal, an 3.

XXVI. — Méchain retourne en Espagne. — Sa mort.

Il ne reste plus, pour donner à cette grande et utile opération toute la publicité nécessaire, pour mettre l'âge présent, et la postérité même, en état de juger à quel degré de précision on a pu parvenir en faisant usage de toutes les connaissances acquises à la fin du XVIIIe siècle, qu'à exposer dans un ouvrage particulier, et dans l'ordre le plus clair, les différentes opérations exécutées par les commissaires de l'Institut national. C'est l'objet que nous nous proposons dans cet ouvrage, dont l'impression, commencée il y a six ans, a été interrompue par un concours de circonstances dont il est inutile aujourd'hui de rendre compte, et notamment par le voyage d'Espagne entrepris par Méchain pour continuer notre méridienne jusqu'aux îles Baléares, suivant le projet qu'il en avait conçu dès 1792, et qu'il avait été forcé de remettre à des temps plus tranquilles. Après des traverses inouies, il avait conduit ses triangles depuis Barcelone jusqu'à Tortose; toutes ses stations étaient choisies et reconnues jusqu'à Cullera. Il avait trouvé dans le royaume de Valence un emplacement pour la mesure d'une base; encore six ou sept triangles, et il conduisait sa mesure jusqu'au puy nommé los Masons, dans Ivice : trois mois devaient suffire à ces opérations. Il devait faire pendant l'hiver les observations astronomiques au terme austral de ce nouvel arc; au mois de mars, il aurait mesuré la base d'Oropesa. A son retour, il comptait observer le pendule à 45°, et nous rapporter, dans l'été de l'an 14, ce beau complément de tant de travaux : une fièvre épidémique, les fatigues extrêmes qu'il avait endurées avec une constance qu'on ne put s'empêcher de déplorer en l'admirant, l'ont arrêté dans sa course, et nous l'ont enlevé le troisième jour complémentaire, an 13, à Castellon de la Plana, dans le royaume de Valence...

DEUXIÈME PARTIE

PRÉCIS des opérations qui ont servi à déterminer les bases du nouveau système métrique,

Lu à la séance publique de l'Institut des Sciences et des Arts, le 15 messidor, an 7.

Par J. H. VAN SWINDEN, citoyen batave.

Citoyens,

Le secrétaire de la classe des sciences physiques, le citoyen Lefèvre-Gineau, a instruit l'Assemblée que la commission des poids et mesures a terminé son travail; que l'Institut en a adopté les résultats; qu'il les a présentés au Corps législatif, et qu'il a déposé aux archives de la République l'étalon de la nouvelle mesure de longueur, et celui du nouveau poids. L'opération qui a été faite pour déterminer les bases du nouveau système métrique est trop importante, elle intéresse trop la gloire de la nation française, pour que vous ne désiriez pas la connaître. L'Institut a cru qu'il conviendrait que ce fût un des députés envoyés par des puissances étrangères qui vous rendît compte de ce qui a été fait par des Français sur cette matière. Mon obéissance à ses ordres est le seul titre à la faveur duquel je puisse réclamer votre indulgence.

I. — Avantages du nouveau système métrique

C'est un beau projet, sans doute, que celui de faire disparaître cette immense variété de mesures et de poids dont on se sert dans chaque pays, dans des endroits même voisins, et de les ramener tous à un système *unique et uniforme;* qui assure la facilité dans les échanges, et l'intégrité dans les opérations de commerce. Un système aussi sage, dont les Romains avaient déjà commencé à nous donner un exemple, mais qui disparut lorsque les guerres succédèrent à la paix; les démembrements, à l'unité de l'empire; que l'ignorance remplaça les lumières; la barbarie, la sagesse, et que mille petits souverains crurent affermir leur autorité, en mettant des entraves à la libre communication de leurs vassaux avec ceux de leurs voisins, leurs rivaux en prétentions, en force et en tyrannie; un tel système ne put que frapper les esprits éclairés, lorsque les sciences mathématiques ou physiques furent portées à un point qui pouvait faire espérer d'asseoir un système métrique sur une base invariable, prise dans la Nature.

Aussi, dès la naissance de l'Académie, quelques-uns de ses membres avaient profondément médité sur ce sujet, et en avaient fait sentir l'utilité; l'Académie elle-même s'en était souvent occupée : mais il est difficile de mettre en pratique les vérités de théorie les plus importantes, les plus palpables, même les mieux senties, quand il s'agit de déraciner de vieilles habitudes, de surmonter des obstacles, de vaincre des difficultés, si des circonstances heureusement ménagées, ou habilement saisies, ne donnent je ne sais quel essort aux esprits.

C'est ainsi qu'à l'époque à jamais mémorable, où le peuple français, prenant un élan sublime, commença à s'occuper de sa régénération politique et sociale, les esprits semblaient avoir reçu une impulsion qui permettait de proposer, de saisir, de voir, d'adopter tout ce qui pouvait tendre au bien public. La proposition de rendre les mesures et les poids uniformes en France fut bientôt faite à l'Assemblée constituante, qui consulta l'Académie. Le système métrique, conçu par cette compagnie savante, fut adopté; l'exécution lui en fut confiée; plusieurs de ses membres, furent nommés sans délai pour s'en occuper, et peu de mois suffirent pour proposer, pour décréter, et pour se mettre en état d'exécuter ce qui avait fait, pendant plus d'un siècle, le sujet des vœux des hommes les plus éclairés, mais dont la voix avait en vain frappé l'oreille des gouvernements : tant il est vrai que le réveil de l'esprit public est un bien, quand ce sont des hommes sages qui le dirigent dans sa marche!

Mais c'eût été peu que de la bannir, cette immense variété des poids et mesures, qui pèse, pour ainsi dire, sur les peuples; qui gêne, qui ralentit, qui entrave le commerce, et de choisir à volonté une de ces mesures, un de ces poids, pour servir désormais de type et de modèle universel. Ce qui est isolé, ce qui ne tient à rien, se perd; ce qui est arbitraire n'est pas fait pour être généralement adopté. Les types des mesures qu'employèrent ces anciens peuples, qui ont rempli le monde de bruit de leurs exploits et de leur sagesse, ont été altérés, perdus, détruits par les dévastations que les barbares ont exercées, et par ces causes lentes de destruction que la Nature renferme dans son sein et dont l'activité n'est jamais suspendue. Si les travaux des érudits les plus célèbres, si l'examen des anciens monuments, si les rapprochements que les plus excellents génies ont su faire, ne nous ont donné que des probabilités par la valeur des poids dont se servaient les anciens peuples, c'est que ces mesures étaient arbitraires et ne tenaient pas à de grands objets.

II. — Base du système pris dans la nature

Il faut donc, pour former un système métrique, qui soit vraiment philosophique, qui soit digne d'un siècle éclairé, ne rien admettre qui ne soit fondé sur des bases solides, rien qui ne soit intimement lié à des objets invariables, rien qui dépende, dans la suite du temps, des hommes ou des événements : il faut consulter la Nature même, puiser les bases du système métrique dans son sein, et savoir y trouver encore des moyens de vérification.

Le globe que nous habitons, tel est le corps auquel la Nature même nous invite à rapporter toutes nos mesures : c'est de sa grandeur même qu'il faut en emprunter le type. C'est aussi le principe sur lequel l'Académie des Sciences a fondé le nouveau système métrique; elle a pris le quart du méridien terrestre, compris entre l'équateur et le pôle boréal, pour base, et sa dix-millionième partie, à laquelle elle a donné le nom de mètre, pour unité des mesures de longueurs. Il faut donc, pour savoir quelle est la grandeur du mètre, connaître l'étendue du quart du méridien de la Terre; et l'on ne saurait la connaître à moins d'avoir fait une mesure exacte d'un arc quelconque de ce méridien, et d'être en état d'en conclure par le calcul, l'arc total que l'on cherche.

Quoique les différents arcs que l'on avait déjà mesurés en France, à différentes reprises, eussent pu servir à déterminer le quart du méridien avec assez d'exactitude, l'Académie a cru qu'il convenait à l'importance de l'objet, au perfectionnement des Sciences, et à la gloire nationale, d'en faire une nouvelle, plus remarquable qu'aucune de celles qui ont été faites précédemment, et dans laquelle on emploierait des moyens proportionnés à la perfection actuelle des Sciences.

Elle proposa, et ce projet fut adopté par l'Assemblée constituante, de mesurer l'arc du méridien compris entre Dunkerque et Barcelone, et la dixième partie de l'arc total qu'il s'agit de connaître. Les citoyens Méchain et Delambre furent chargés de cette opération si pénible, mais si glorieuse ; et il ne fallait pas moins que des hommes de cet ordre pour qu'elle pût être faite à travers tous les obstacles qu'ils ont eu à surmonter, et être portée à ce point de précision qui en fait le caractère.

III. — Eloge des savants qui ont contribué a la mesure du méridien

Ils s'occupaient de ce travail lorsque la France était attaquée au-dehors, agitée au-dedans, et à des époques dont nous ne vous rappellerons pas le souvenir si douloureux. Il a fallu, tantôt leur prudence pour prévenir ou détourner les dangers, tantôt leur fermeté pour les supporter tranquillement ; toujours leur activité, pour suivre avec constance, et sans rien négliger de l'exacti-

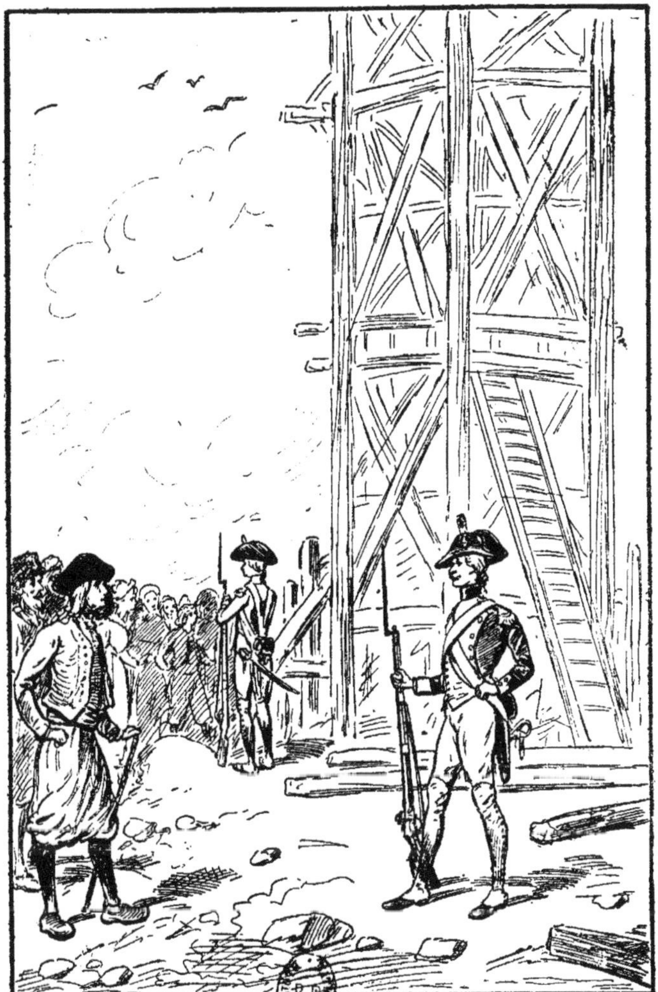

On y a posté des gardes : on n'a plus rien à craindre. (page 119)

tude la plus scrupuleuse, au milieu des tribulations, des fatigues, de la privation même des choses les plus nécessaires à la vie, un ouvrage pénible, qui exige le calme de l'âme, la tranquillité de l'esprit, toutes les forces de l'intelligence : mais, poussés l'un et l'autre par le zèle le plus ardent pour le perfectionnement des sciences, et animés du même esprit, du désir d'être utiles à leur patrie, ils estimaient heureuse une journée passée dans la peine, dans l'inquiétude, dans la fatigue, si elle était terminée par une bonne observation.

L'opération que les citoyens Méchain et Delambre avaient à faire présentait encore des difficultés qui tiennent à sa nature. Il s'agissait en effet, de mesurer avec la plus grande exactitude, la ligne entière qui traverse, dans le sens du méridien, toute la France et une partie de l'Espagne, depuis Dunkerque jusqu'à Barcelone. Chacun sent qu'on ne saurait la mesurer immédiatement, et, pour ainsi dire, la toise à la main : il faut employer des moyens d'un autre genre, des moyens analogues à ceux dont, on se sert pour lever la carte d'un pays, mais auxquels on apporte une précision proportionnée à l'importance de l'objet.

Il a fallu former une chaîne de plus de 90 triangles; il a fallu déterminer les angles de chacun d'eux avec une précision qui ne laissât pas une incertitude de quelques secondes sur le triangle entier. Précision qu'on doit un peu en partie à l'admirable instrument dont le génie de Borda avait enrichi l'astromie, et que le célèbre artiste Lenoir à exécuté. Il a fallu répéter plusieur fois la mesure de chaque angle avec une patience sans bornes ; à la patience il a fallu joindre la dextérité que donne une longue habitude de l'art d'observer ; à la dextérité, cette sagacité d'esprit qui sait discerner, saisir, pressentir même, les causes d'erreur, et à la sagacité, les profondes connaissances mathématiques qui seules nous mettent en état de calculer ces erreurs et d'en déterminer l'influence : afin de pouvoir obtenir dans le résultat le degré de perfection que l'état actuel des sciences exige, et qui se trouve de fait dans toutes les parties de l'opération que les citoyen Méchain et Delambre ont si glorieusement terminée !

IV. — Résumé des opérations

Cette mesure de triangles, que le citoyen Méchain a exécutée de Barcelone jusqu'à Rodez, et le citoyen Delambre depuis Rodez jusqu'à Dunkerque, n'est pas le seul travail qu'ils aient eu à faire. Si les mathématiques nous mettent en état de déterminer, par les calculs, tous les côtés d'une longue chaîne de triangles dont les angles sont donnés, il faut préalablement connaître la grandeur d'un côté qu'on prend pour base; et pour la connaître. il faut en faire la mesure immédiate, avec une précision d'autant plus grande, que l'erreur qu'on pourrait commettre influe proportionnellement sur l'arc entier qu'il s'agit de déterminer. Le citoyen Delambre s'est chargé du travail si pénible et si délicat de la mesure des deux bases, l'une près de Melun, l'autre près de Perpignan. Il a fait usage d'instruments nouveaux, que nous devons encore au génie de Borda et à la main de Lenoir; il a redoublé de soins et d'attention pour que rien ne manquât à la perfection de cette mesure; et il a employé toutes les ressources de son génie dans les différentes réductions qu'il s'est agi de faire pour déterminer avec précision la ligne qui constitue la base vraie. Nous regrettons de ne pouvoir entrer dans des détails qui, seuls, pourraient vous faire connaître la beauté de ce travail; mais vous sentirez à quel point d'exactitude on est parvenu, quand nous vous aurons dit qu'une partie de la base ayant été mesurée deux fois, parce qu'on y soupçonnait quelque erreur, ces deux mesures n'ont différé que d'une demi-ligne sur 140 toises.

Mais il ne suffit pas de connaître les angles et les côtés des triangles; il faut encore connaître la direction des côtés par rapport à la méridienne dont il s'agit de calculer l'étendue : il faut donc mesurer les angles que ces côtés font avec elle.

Cette troisième partie de l'opération est plus difficile que la première, parce qu'elle tient à ces observations astronomiques délicates qui exigent des réductions et des calculs dont il serait inutile de vous entretenir. Les observateurs y ont mis toute l'exactitude que leur importance exige.

Les côtés des triangles et leurs directions avec la méridienne étant connus, on peut calculer l'étendue de la méridienne : ce calcul a été fait par différentes méthodes et par différents calculateurs, qui ont trouvé que l'arc de la méridienne compris entre Dunkerque et Mont-Jouy, près de Barcelone, est de 551,585 toises, ancienne mesure.

La grandeur de cet arc doit servir à nous faire connaître celle du quart du méridien : en effet, comme celui-ci répond à un arc céleste de 90°, il ne s'agit que de savoir à combien de degrés répond l'arc terrestre compris entre Dunkerque et Montjouy : Les observations astronomiques peuvent seules nous en instruire. Les observateurs les ont faites à Dunkerque, à Paris, à Evaux, à Carcassonne, à Montjouy, avec une exactitude, un soin et une patience qui ne laissent rien à désirer; et il en résulte que l'arc compris entre Dunkerque et Montjouy est de 9° 40' 45"2/3.

Cette détermination a mis les calculateurs en état de conclure de l'arc mesuré entre Dunkerque et Montjouy, l'étendue du quart du méridien terrestre compris entre l'équateur et le pôle boréal ; elle est de 5, 130, 740 TOISES : d'où il suit que sa dix-millionième partie est de 3 PIEDS 11 LIGNES 296/1000. Telle est la longueur du mètre vrai et définitif, déduit de la mesure de la terre, la plus remarquable, la plus exacte qui ait été encore faite, et qui va servir à perfectionner nos connaissances sur la grandeur et la figure du globe que nous habitons. Tel est, pour ce qui concerne le système métrique, le résultat d'une des plus vastes entreprises qui aient jamais été exécutées, et qui fait un des plus beaux monuments qu'on ait élevés aux sciences, et à la gloire de la Nation française.

V. — Mesures dérivées du mètre

Nous venons de parler de l'unité des mesures de longueur : celles des mesures de surface et de capacité se déduisent naturellement du mètre, et ne présentent rien qui doive fixer l'attention de l'assemblée. Celle de poids mérite de nous arrêter un moment. C'est encore dans la Nature qu'on en a pris le type, puisque, d'une part, il dépend de la grandeur du mètre, et que, de l'autre, on emploie l'eau, fluide que l'on trouve partout, et qu'on peut toujours se procurer dans le même dégré de pureté par la distillation. En effet, c'est la quantité d'eau distillée, contenue dans un cube dont le côté est la dixième partie du mètre, ou, ce qui revient au même, contenue dans un décimètre cube, qui fait, sous le nom de *kilogramme*, la nouvelle unité de poids. Mais qu'il en a coûté de peines et d'expériences pour le déterminer! Il a fallu des instruments d'une perfection rare, et on les doit au citoyen Fortin ; il a fallu déterminer, avec la plus grande précision, la grandeur du volume employé dans les expériences; il a fallu faire les pesées avec une exactitude scrupuleuse; il a fallu faire des recherches nouvelles pour déterminer le point où l'eau parvient à un état constant et unique, celui de sa plus grande densité. Le citoyen Lefèvre-Gineau, que l'Institut a chargé de cette importante opération, a obtenu par ses soins, par sa dextérité, par sa patience, par un travail assidu, et au-dessus de tout éloge, des résultats, à la précision desquels il serait difficile de rien ajouter. Nous regrettons de ne pouvoir entrer dans les détails qui vous prouveraient combien la détermination de l'unité de poids a été difficile et délicate, et combien l'excellent physicien auquel nous la devons a des droits à notre reconnaissance. Il résulte de ces travaux que le poids d'un décimètre cube d'eau distillée, ou du kilogramme, nouvelle unité de poids, vaut 32 onces, 5 gros, 35 grains, ou 18, 827 grains, ancien poids de marc.

Les deux poids fondamentaux du système

Le levier vient le frapper et le lance contre le mur. (page 153)

métrique, le mètre et le kilogramme, ont donc été déterminés avec le plus grand soin : les types en sont pris dans la Nature même ; ils tiennent à la grandeur du globe que nous habitons, et au fluide le plus simple de tous les fluides palpables que nous connaissons : et cela même nous procure un nouvel avantage, un avantage infiniment précieux ; c'est qu'ils sont, dans le sens le plus strict, invariables, inaltérables.

Pour savoir dans les siècles futurs ce qu'ils doivent être, il n'est pas besoin que les étalons qu'on en a fait faire, avec un soin proportionné à l'importance de l'objet, soient conservés : quand ils viendraient à être perdus, détruits, anéantis, si le nom seul en restait, et le souvenir que l'un d'eux, le mètre, était la dix-millionième partie du quart du méridien terrestre, et l'autre la quantité d'eau distillée contenus dans le cube du décimètre, il serait aisé de les rétablir, puisque le mètre, étant une partie connue de la circonférence de la terre, est aussi invariable qu'elle, et que l'eau, qui sert de base au kilogramme, est inaltérable. Il ne serait pas même nécessaire, pour restituer le mètre, de répéter une opération aussi longue, aussi pénible, aussi difficile que celle qu'ont faite les citoyens Méchain et Delambre. La Nature nous présente elle-même un moyen de vérification, une unité secondaire, dans la longueur du pendule simple qui bat les secondes, et qui est, pour chaque lieu, aussi invariable que la force de gravité qui l'anime. L'Académie des Sciences, à laquelle rien de ce qui a rapport à cette matière n'avait échappé, avait chargé quelques-uns de ses membres de faire de nouvelles expériences sur ce sujet, et elles ont été faites à l'Observatoire national par les citoyens Borda, Cassini et Méchain; ils ont trouvé par des méthodes, lesquelles admettent un degré de précision bien remarquable, que la longueur du pendule simple qui bat les secondes à Paris, à l'Observatoire national, est de 9938/-10000 parties du mètre. D'où il résulte que si, dans d'autres temps, on répétait la même expérience, il suffirait de diviser la longueur du pendule trouvé en 9938 parties, et d'y en ajouter 62, pour avoir exactement le mètre tel qu'il a été déterminé.

Voilà donc l'invariabilité, et s'il était permis de s'exprimer ainsi, l'inaltérabilité des types de nos nouvelles mesures, avantage précieux et pour la génération présente, et pour la postérité.

Ces mesures une fois fixées, une fois arrêtées, ne dépendent plus de la volonté des hommes; elles sont à l'abri de leur puissance et des dévastations qu'ils pourraient faire ; elles tiennent intimement à ce qui constitue la nature et l'essence du globe que nous habitons.

VI. — Appel au jugement des nations

Vous venez d'entendre, citoyens, quelle est la précision que les astronomes et les physiciens français ont obtenue dans toutes les parties qui constituent le nouveau système métrique; seule elle suffirait pour inspirer la plus grande confiance. Mais il y a plus : ce système ne présente rien qui soit particulier à la France, rien qui n'intéresse également toutes les Nations, rien qui ne mérite d'être universellement adopté. Aussi l'Institut a-t-il désiré y donner le plus grand degré d'authenticité possible, et soumettre les opérations qui avaient été faites au jugement des Nations avant que d'en arrêter les résultats définitifs. Il a désiré que les puissances étrangères nommassent des savants pour en prendre connaissance et pour travailler avec les commissaires français à mettre la dernière main à ce bel ouvrage. Le Gouvernement français, adoptant ce vœu, a invité les Gouvernements des Nations neutres ou alliées de la République, à envoyer des députés pour cet effet : plusieurs se sont rendus à cette invitation; et ces députés, réunis aux Savants français, ont formés la Commission des poids et mesures, qui a examiné, discuté, calculé toutes les parties de l'opération, et arrêté les résultats définitifs que nous avons présentés. Jamais pareille réunion n'avait eu lieu : nous nous flattons qu'elle a été utile aux sciences, et nous pouvons assurer qu'il n'y en aura jamais de plus fraternelle.

VII. — Remerciments et félicitations adressés a la France

Pénétrés, comme nous le sommes, de l'accueil que nous avons reçu, permettez, citoyens membres de l'Institut, et vous surtout, citoyens français, membres de la Commission des poids et mesures, avec lesquels nous avons eu des relations plus étroites et plus multipliées; permettez que je sois dans ce moment, auprès de vous, l'organe de mes confrères, étrangers comme moi à la France. L'Institut et le Gouvernement français ont donné un grand et bel exemple à l'univers, en désirant qu'un congrès de Savants de différents pays s'assemblât pour discuter des objets, purement scientifiques, il est vrai, mais dont l'importance est la même pour toutes les Nations. Vous avez secondé leurs vues, en nous traitant comme des amis et comme des frères; vous avez désiré qu'il n'y eût entre des membres de la République des Lettres aucune distinction de pays ni de patrie, et que l'égalité la plus parfaite régnât entre nous : elle a eu lieu sans interruption ; la concorde, la fraternité, l'estime, l'amitié ont bientôt resserré nos liens. Il n'est pas de détails d'observations ou d'expériences dont vous ne nous ayez fait part ; tous les registres des observateurs nous ont été ouverts ; vous nous avez donné tous les éclaircissements que nous pouvions désirer ; vous avez même prévenu nos désirs : la communication de vos lumières a été franche, amicale et sans réserve. Le travail qui a été fait est devenu un travail commun à tous, et vous nous avez donné des preuves de votre satisfaction. Agréez l'assurance des sentiments les plus distingués que nous vous avons voués. Vos écrits et la réputation dont vous jouissez dans le monde savant, nous avaient depuis longtemps mis en état d'apprécier votre mérite : aujourd'hui nous connaissons de près les qualités qui en rehaussent l'éclat et qui rendent votre commerce si doux, votre conversation si instructive, votre société si précieuse. De retour chez nous, nous nous en rappellerons souvent le souvenir avec délices, et, en nous retraçant ce que vous avez fait pour les sciences, nous sentirons s'échauffer notre zèle, une noble émulation s'emparer de nos cœurs, et nous ferons sans cesse des vœux sincères pour votre conservation et pour votre bonheur !

Que ne pouvons nous en faire encore de pareils pour l'illustre Borda, que nos yeux cherchent en vain parmi vous! Et nous aussi, nous avons eu l'avantage de connaître cet homme rare, mais nous avons eu la douleur de voir la mort l'enlever du milieu de nous. Nous savons combien cette grande opération, dont l'examen a fait l'objet de notre mission parmi vous, doit à son vaste génie, qui semblait en vivifier toutes les parties : aussi nous avons pleuré sa perte comme on pleure une perte irréparable; et la voix de l'homme célèbre qui nous retraça le mérite et les vertus de son digne ami, au moment même où nous allions faire descendre sa dépouille mortelle dans un hideux sépulcre, semble retentir encore à nos oreilles, et retentira toujours au fond de nos cœurs. Les douces jouissances que nous goûtions parmi vous ont été troublées par la douleur : mais c'est le sort de l'humanité; cessons de nous plaindre. Le génie tutélaire de la France, qui s'est toujours plu à lui procurer de grands hommes, fermera quelque jour cette plaie profonde, et même il sourit encore, au milieu de sa douleur, en tournant ses yeux avec complaisance vers les hommes illustres qui lui restent, et dont la vue est si propre à adoucir ses regrets.

Et vous tous, citoyens français, soyez les premiers à jouir du grand bienfait de mesures uniformes, invariables, universelles. Hâtez-vous d'adopter le nouveau système métrique, dont la simplicité réelle, bien entendue, est si propre à faciliter toutes les opérations de commerce. Songez qu'il intéresse votre bien-être, qu'il tient de près à la gloire de votre Nation. Etrangers comme nous le sommes à la France, sans doute nos patries occupent la première place dans nos cœurs, comme la France l'occupe dans les vôtres ; sans doute nos premiers vœux sont pour leur gloire et pour leur prospérité, comme les vôtres sont pour la prospérité et pour la gloire de la France : mais nous n'en sommes pas moins sensibles aux différents genres de gloire dont la Nation française peut s'illustrer, et nous prenons une vive part et sincère à son bonheur. Puisse celui dont vous jouirez pleinement lorsque le calme aura succédé à l'orage, faire le sujet éternel de vos chants d'allégresse, comme il fait aujourd'hui celui de vos vœux! Puisse une paix aussi glorieuse qu'elle est ardemment désirée, hâter ce moment fortuné, et accorder à l'Europe entière un état stable, heureux et tranquille!

APPENDICE

I. — Accident arrivé a Méchain, en avril 1793

« Un médecin de Barcelone, dont il était devenu l'ami, désira lui montrer une machine hydraulique. Les chevaux qui devaient la faire mouvoir étaient occupés ailleurs; le médecin et son domestique se crurent assez forts pour faire aller la pompe et y réussirent quelques instants. Méchain, d'un lieu élevé, considérait avec surprise la quantité d'eau qu'il voyait affluer : des cris viennent frapper son oreille : il aperçoit le médecin et son domestique entraînés par la machine dont ils avaient dû abandonner le levier qui les avait renversés et qui ne pouvait plus leur faire aucun mal en tournant au-dessus d'eux. Ils s'en avisèrent trop tard et trop tôt. Méchain s'était précipité pour les secourir : le levier devenu libre vient le frapper et le lance contre le mur; il retombe sans connaissance et baigné dans son sang. Le médecin le croit mort et lui donne, pour la forme, des soins qu'il croit absolument inutiles. Méchain avait plusieurs côtes et la clavicule brisées ; il resta trois jours sans connaissance, et condamné à plusieurs mois d'inaction, dans la saison dont il se préparait à faire si bon emploi. »

(Delambre. — *Biographie universelle de Méchain*, art. Méchain).

Extrait de l'Eloge de Méchain, prononcé à l'Académie des Sciences, en 1804, par son ami Delambre.

« Méchain croyait que des fatigues continuelles et surtout l'air des montagnes étaient favorables à sa santé, et dès qu'il vit jour à satisfaire le plus ardent de ses désirs, il se hâta de réclamer une mission à laquelle il avait un droit incontestable, mais qu'on ne pensait pas à lui proposer, parce qu'on lui voyait des travaux qu'on jugeait encore plus importants. Au reste, il se persuadait qu'une année tout au plus lui suffirait et qu'à peine on s'apercevrait de son absence. Combien il a été trompé dans son attente ! Malgré les précautions prises d'avance, rien ne se trouva prêt à son arrivée en Espagne ; les ordres de la Cour n'avaient pas été expédiés dans la forme convenable ; le commandant du brigantin qui avait été mis à sa disposition pour le conduire du continent aux îles et des îles au continent, toutes les fois que les opérations l'exigeraient, ne se crut pas suffisamment autorisé ; il fallut solliciter de nouveau. Quand ces obstacles furent levés, la fièvre jaune infectait le vaisseau, qui, après avoir perdu des hommes de son équipage, fut envoyé en quarantaine à Minorque. Un autre brigantin, substitué au premier, avait besoin d'être réparé; des pluies continuelles, des ouragans tels que de mémoire d'homme on n'en avait éprouvés dans ces contrées, le retenaient des mois entiers aux différentes stations qu'il avait à parcourir. Quoique la traversée de Barcelone à Mayorque et Cabrera ne soit que d'un jour dans les circonstances ordinaires, elle se prolonge au point que sur le bâtiment on commence à sentir les horreurs de la famine. Jetés par les vents sur une côte presque déserte, où l'on ignorait encore que la contagion eût cessé et que la libre circulation fût rétablie, on lui refusa la permission de débarquer et jusqu'aux secours les plus urgents, du pain et de l'eau; par grâce on lui permit, au bout de trois jours, de descendre seul avec un officier du brigantin; ils sont obligés de traverser l'île entière pour se rendre auprès du gouverneur. A peine est-il à terre que la tempête force le brigantin à chercher un asile à Majorque.

» Pour comble de disgrâce, il reconnaît que l'île n'offre aucun point assez élevé pour être aperçu du continent : il est forcé de changer tous ses plans. Les triangles qu'il a conduits jusqu'à Tortoso ne sont plus suffisants; il se voit dans la nécessité de les prolonger jusqu'aux montagnes d'Oropeza et de Culliera dans ce même royaume de Valence; nouvelles courses, nouvelles fatigues : c'est par les chaleurs les plus insupportables qu'il va reconnaître tous les sommets où il pourra planter ses signaux. Il trouve sur la côte d'Oropeza un terrain propre à la mesure d'une base, mais ce terrain est coupé par une rivière; on se trompe en lui indiquant un endroit qu'on croit guéable, il y enfonce et il était perdu si on ne fût promptement venu à son secours. Il veut profiter des seuls jours de l'année où une observation importante se trouve possible; il envoie dans le royaume de Valence pour qu'on y place les signaux dont il a besoin, il les attend quinze jours sur le sommet d'une montagne, toujours à sa lunette, et, ne voyant rien de ce qu'on lui a promis, il perd patience, il va lui-même exécuter sa commission; mais l'occasion est manquée...

» On l'avait averti de commencer de bonne heure, parce que, l'été, cette côte est ordinairement infectée par une fièvre qui est meurtrière, surtout pour les étrangers. La saison redoutable est arrivée ; mais il ne peut se résoudre, après tant de traverses et de délais, qui ne peuvent lui être imputés, à retarder son tour, pour éviter un danger personnel, quelque pressant qu'on le lui dépeigne. La contagion attaque autour de lui tous ceux qui le secondent; un domestique espagnol succombe, les deux officiers qui l'accompagnent sont atteints à côté de lui, sous sa tente; on ne peut obtenir qu'il interrompe ses travaux, qu'il veut à tout prix terminer avant l'hiver. J'ai trouvé dans ses papiers une lettre du baron de la Puebla, qui le conjure de prendre soin de sa santé et lui prescrit un régime qui peut atténuer les risques qu'il s'opiniâtre à braver; enfin lui-même commence à concevoir de l'inquiétude; dans la dernière lettre qu'il m'écrivait, il paraît pressentir sa fin prochaine : « Je ne suis, me » disait-il, ni plus fort, ni plus jeune, ni plus » acclimaté que ceux que j'ai vus succomber. » Cette lettre, lue dans une de nos séances, inspire de justes alarmes; on me charge de lui recommander d'interrompre un travail qui peut avoir des suites aussi funestes. Il n'était déjà plus temps : quelle santé, dans de pareilles circonstances, eût résisté aux fatigues qu'il bravait avec tant de persévérance! Les pics qu'il avait à observer, continuellement plongés dans les vapeurs, ne sont que très rarement visibles pendant le jour : il est obligé d'employer des reverbères et, par conséquent, d'être sur pied toute la nuit; malgré la fièvre et le frisson, il ne veut perdre aucun instant. Pendant douze jours de ce régime meurtrier, il ne prend que du thé. Une nuit, succombant à la fatigue, il se laisse aller au sommeil, parce qu'il n'aperçoit pas les signaux qu'on avait tardé d'allumer. Un gardien, resté au guet, voit un réverbère et n'ose réveiller Méchain, qui, le lendemain, instruit de ce ménagement, exprime ses regrets sur son journal par une note plaintive, la dernière qu'il ait tracée. Enfin il termine sa station et va chercher un peu de repos à Castellon de la Plana; il était d'une faiblesse extrême. Cependant la maladie n'était accompagnée d'aucun symptôme bien fâcheux : on est plein d'espoir, il entre en convalescence; mais une rechute plus terrible lui ôte en un instant la connaissance; dans son délire, il demande ses instruments, ses registres; il ne parle que d'observations qu'il veut terminer. Son second fils, qui l'avait suivi en Espagne, occupé en ce moment bien loin de lui, arrive trop tard pour recevoir ses derniers soupirs; après un terrible accès de fièvre, il expire enfin, le troisième jour complémentaire, 20 septembre 1805, à cinq heures du matin, sans avoir eu la satisfaction de terminer une opération à laquelle il paraissait avoir attaché toute son existence, comme s'il n'avait pas déjà tant d'autres titres à la considération et aux regrets de toute l'Europe savante. »

FIN

TABLE

PREMIÈRE PARTIE

Rapport de Delambre

DEUXIÈME PARTIE

Rapport de Van Swinden

APPENDICE

FIN DE LA TABLE.

Limoges. — Imp. E. Ardant et Cie.

www.ingramcontent.com/pod-product-compliance
Ingram Content Group UK Ltd.
Pitfield, Milton Keynes, MK11 3LW, UK
UKHW020604180726
13838UKWH00001B/422

9 782329 437552